Environnement

Collection dirigée par Maryvonne Bidiguel

Ouvrir une collection ***Environnement*** en sciences sociales est un défi dans la mesure où chacun met sous ce vocable un contenu différent. Il existe pourtant un droit de l'environnement et des programmes de recherches qui s'adressent à des économistes, des sociologues, des politiques, des historiens, des ethnologues.
Ce champ de réflexion traverse en fait l'ensemble des disciplines de sciences et fédère des objectifs plutôt qu'il ne fonde un nouvel objet. Cette situation engendre une grande dispersion des travaux et freine leur diffusion.
Cette collection voudrait y pallier par la publication d'une part de dossiers présentant des recherches approfondies, d'autre part d'ouvrages de portée plus générale destinés à un plus large public.

Déjà parus

YAMADA Fumi, *La gestion des déchets ménagers d'Antananarivo. La dichotomie entre la haute ville et les bas quartiers,* 2020.
SCHNEIDER-MAUNOURY Grégory, *La responsabilité environnementale*, 1999.
KERGOAT Michelle, *Libéralisme et protection de l'environnement*, 1999.
MOOR-STAHL Josyane, *L'exception écologique russe*, 1998.
TEISSIER-ENSTINGER A., SAJALOLI B. (dir), *Radioscopie des Mares,* 1997.
LEQUENNE P., *Dans les coulisses de Greenpeace*, 1997.
BODIGUEL M. (dir), *Le littoral, entre nature et politique*, 1997.
VIARDOT Eric, *L'environnement dans l'entreprise,* 1997.
JOLLIVET Marcel, *Vers un rural post-industriel*, 1997.
BODIGUEL M. (dir), *La qualité des eaux dans l'Union européenne*, 1996.
GLAESER, *Agriculture et environnement. Le développement durable à travers l'écologie humaine,* 1996.
KABALA M. D., *Protection des écosystèmes et développement des sociétés. Etat d'urgence en Afrique*, 1994.

HISTOIRE D'UNE FEUILLE D'ARBRE

Une autre façon d'être au monde

5-7, rue de l'École polytechnique, 75005 Paris

www.harmattan.fr

ISBN : 978-2-343-24027-5
EAN : 9782343240275

Élisabeth Dumont

Gravures de Florence Dumont

HISTOIRE D'UNE FEUILLE D'ARBRE

Une autre façon d'être au monde

L'Harmattan

DU MÊME AUTEUR :

Les trognes en Europe, Boursay, Maison Botanique de Boursay, 2007, 173 p.

Arbre têtard : drôle de trogne !, Boult-au-bois, Fédération des clubs CPN, 2009, 71 p.

Teindre avec des plantes, Paris, Ed. Ulmer, 2010, 127 p.

Dans le cochon tout est bon !, Paris, Ed. Larousse, 2014, 63 p.

La géométrie dans le monde végétal, Paris, Ed. Ulmer, 2014, 191 p. (prix Saint-Fiacre et prix Redouté)

Encres de plantes, Paris, Ed. Ulmer, 2018, 158 p. (label Livres en Loir-et-cher)

Teindre avec des plantes, nelle éd., Paris, Ed. Ulmer, 2019, 157 p.

« En argot les hommes appellent les oreilles des feuilles
C'est dire comme ils sentent que les arbres connaissent la musique
Mais la langue verte des arbres est un argot bien plus ancien
Qui peut savoir ce qu'ils disent lorsqu'ils parlent des humains »

Arbres
Histoires – 1943
Jacques Prévert

Sommaire

*

Depuis quelques années notre regard sur les plantes a changé. La relation que nous entretenons avec le monde végétal a subi une véritable révolution mentale. Beaucoup d'entre nous découvrent aujourd'hui la richesse et la complexité de ce monde, alors que le végétal était autrefois rarement pensé comme réellement vivant. Cela tient sans doute à l'apparente immobilité de la plupart des plantes terrestres fixées au sol. Les végétaux sont maintenant remarqués comme dignes d'intérêt, peut-être presque autant que les animaux ! Certains biologistes vont même jusqu'à prêter au végétal une intelligence, tout en admettant que la plante ne possède pas de cerveau en tant qu'organe centralisé. Lorsque Stefano Mancuso, biologiste italien, fonde une nouvelle discipline, la neurobiologie végétale, il définit l'intelligence comme la capacité à résoudre des problèmes. Il est alors légitime de considérer que toutes les espèces vivantes sont douées d'intelligence et particulièrement les plantes. Au jourd'hui accorder aux plantes une place prépondérante dans notre monde terrestre, c'est admettre la réalité des interactions du vivant. Toutefois certains écueils restent à éviter.

LES PLANTES COMME ALTÉRITÉ

Décrire la physiologie des plantes, comme d'ailleurs de n'importe quel organisme, comporte constamment un risque élevé d'anthropomorphisme. Les humains ont la très fâcheuse habitude de ne voir le monde qu'à l'aune de leur propre existence. Envisager d'être au monde d'une manière totalement étrangère à la nôtre est un défi qu'il est opportun de saisir. De même, il est temps de cesser de considérer l'évolution du vivant comme une lente progression vers l'acmé de la complexité et l'apogée de la perfection qu'est l'espèce humaine. Heureusement les mentalités évoluent et la connaissance du végétal est une formidable occasion de découvrir l'altérité absolue, une manière d'exister radicalement différente.

Les plantes ne bougent pas : pourtant elles se défendent bien des multiples dangers auxquels elles doivent faire face. Une immense variété d'espèces végétales se sont multipliées depuis des millions d'années dans tous les écosystèmes possibles. Certaines plantes vivent des siècles alors qu'elles ne se déplacent pas.

Les plantes n'ont pas de bouche et elles se nourrissent.

Elles n'ont ni œil ni oreille qui leur permettraient de voir ou d'entendre, et cependant elles perçoivent très finement leur environnement.

Elles ne disposent d'aucune pompe comme le cœur pour faire circuler leurs fluides, et néanmoins la sève circule, vers le haut, vers le bas, et parcourt des dizaines de mètres dans le cas des arbres.

L'évolution du vivant

Avant d'aller plus loin et d'aborder le vif du sujet, il est utile d'évoquer rapidement le chemin parcouru dans la connaissance du végétal, et de préciser les points essentiels de l'évolution du vivant.

Un philosophe de l'antiquité grecque, Aristote, a eu une influence majeure sur la pensée européenne, influence qui a malheureusement perduré pendant des siècles. C'est à lui principalement qu'on doit de n'attribuer aux plantes qu'une existence passive et dénuée d'interaction. Soit dit en passant, on lui doit aussi une idée qui est restée ancrée dans notre culture pendant trop longtemps, l'infériorité des femmes par rapport au genre masculin, mais c'est une autre histoire. Revenons aux plantes.

Au 18e siècle, le végétal occupait encore le bas de l'échelle du vivant et n'était guère considéré comme autre chose qu'une ébauche de l'animal. L'œuvre de Buffon,« L'histoire naturelle » publiée entre 1749 et 1804, devait décrire l'ensemble des règnes de la nature. Pourtant, et bien que cette encyclopédie s'étale sur trente six volumes, cet ouvrage ne fait aucune mention du règne végétal : elle ne traite que les minéraux et une partie des animaux (quadrupèdes et oiseaux).

Au début du 19e siècle, commence à être révélée une certaine réactivité des plantes. Après 1859, Charles Darwin a consacré avec son fils une grande partie de son travail à l'étude de la physiologie végétale et en particulier au mouvement des plantes.

Mais revenons à 1859 : la publication du livre majeur de Charles Darwin , « L'origine des espèces », est une **révolution.** Notre compréhension du monde vivant est alors bouleversée et cette nouvelle approche continue d'être féconde jusqu'à aujourd'hui. Bien qu'elle ait été formulée il y a cent cinquante ans, bien avant que soient possibles les observations au microscope électronique, bien avant la découverte du code génétique, la pensée évolutionniste continue d'être efficiente jusqu'à maintenant, tout autant pour les biologistes que dans le domaine de la métaphysique. Elle est non seulement compatible mais confirmée par les avancées des recherches actuelles en biologie.

Ce que l'on comprend d'abord avec Darwin, c'est que l'infinie diversité des espèces est le résultat d'une lente accumulation de très légères modifications au cours du temps. Si un individu est doté d'un caractère nouveau, qui lui permet une meilleure adaptation à son milieu, et si ce caractère est héréditaire, alors sa descendance sera plus nombreuse. Si au contraire ce caractère est plutôt défavorable, il disparaîtra. C'est ce que l'on appelle la **sélection naturelle**. Ce constat est accompagné de plusieurs corollaires importants.

DES MILLIARDS D'ANNÉES

En premier lieu, l'évolution des espèces a besoin d'un **temps** extrêmement long. Les premières traces de vie sont estimées par les paléontologues à près de quatre milliards d'années. Il ne s'agit pas, à cette époque reculée, d'organismes, ni même de cellules, mais de simples molécules, des composés que l'on considère aujourd'hui comme indissociables du vivant. Ce sont en particulier les briques de base de la molécule d'acide ribonucléique, autrement dit ARN, et de l'acide désoxyribonucléique, plus célèbre sous le nom d'ADN. La présence sur terre de ces premières molécules, puis l'apparition des premières bactéries, formes de vie les plus anciennes, sont évaluées aujourd'hui à environ trois milliards et demi d'années. L'ADN est le support de l'information génétique, qui détermine non seulement la reproduction, mais aussi le métabolisme de chaque cellule. Beaucoup beaucoup plus tard, des milliards d'années plus tard, les premiers mammifères seraient apparus ainsi que les plantes à fleurs. La grande majorité des espèces végétales terrestres ont entre cent et trois cent millions d'années. Ce temps géologique explique l'installation progressive d'une complexité phénoménale et d'un équilibre extrêmement fin des organismes et des écosystèmes. Les millions d'années sont inscrits au plus profond de chaque cellule de n'importe quel être vivant. Chaque processus au sein de la cellule, chaque auto-régulation, est le fruit d'un équilibrage permanent qui s'est construit au cours du temps long. C'est bien le temps qui constitue l'architecture profonde de chaque être vivant. Le temps écoulé depuis l'apparition de la vie sur terre est inscrit en profondeur dans le fonctionnement biologique de n'importe quelle cellule, y compris les nôtres.

L'INTERDÉPENDANCE

D'autre part, chaque organisme, qu'il soit unicellulaire ou pluricellulaire, existe au sein d'un écosystème. Comment définir un écosystème ? C'est un ensemble d'**interactions**. Un être vivant n'est jamais isolé, qu'il s'agisse d'un animal, d'un végétal ou d'une bactérie. Il est toujours en interdépendance avec son milieu et surtout avec un ensemble d'autres êtres vivants. Bien sûr la coopération entre les êtres est une réalité largement admise, mais il y a plus encore : la **symbiose** est au cœur de l'équilibre atteint au fil du temps : une association intime et durable où chacun bénéficie de l'avantage de cette union. L'arbre et les champignons mycorhiziens sont en symbiose et vivent mieux ensemble que séparés. Les êtres pluricellulaires, animaux ou végétaux, vivent constamment en symbiose avec des micro-organismes, et cela montre qu'un être vivant ne peut fonctionner absolument seul. Pour donner un autre exemple très proche de nous, citons le microbiote, qui fait l'objet de nombreuses études depuis quelques années : le corps humain est en symbiose avec des milliards de cellules bactériennes : ces bactéries vivent sur sa peau, dans son intestin, dans sa bouche, et sont indispensables à son immunité et à sa santé. Même sa santé mentale, on le sait maintenant, est intimement liée à l'équilibre de son microbiote intestinal. Outre les interactions symbiotiques, les relations de dépendance alimentaire sont au cœur du monde vivant : chaque être se nourrit d'autres êtres vivants. C'est un fait que ne doivent pas négliger les personnes adeptes du véganisme.

LA FILIATION

Darwin nous apprend également l'importance de la **filiation** dans l'évolution des espèces. Cette notion est proprement révolutionnaire par rapport aux idées de l'époque. Non seulement chaque être est issu de ses parents mais chaque espèce est issue d'une espèce antérieure. Une espèce n'apparaît pas d'un coup telle que nous la connaissons mais elle émerge progressivement. Par ailleurs, la frontière entre deux espèces est presque un artefact taxonomique. Précisons en passant : la taxonomie (ou taxinomie) est une sorte de classification, qui s'avère indispensable pour s'y retrouver tant les espèces vivantes sont nombreuses. Il existe des millions d'espèces et cette multiplicité nourrit ce qu'on appelle la biodiversité. La classification actuelle n'est bien sûr pas arbitraire : elle s'appuie sur des critères pertinents, du moins admis par l'ensemble des naturalistes. Mais elle n'en reste pas moins une construction de l'esprit. Depuis l'antiquité jusqu'au 18e siècle, les critères étaient multiples, confus, ils paraissent même aujourd'hui souvent fantaisistes. En 1735, le naturaliste suédois Carl von Linné publie son ouvrage *Systema naturae*. Dans ce livre fondateur, Linné crée la nomenclature : les êtres vivants sont désormais rangés et nommés par un nom de genre et un nom d'espèce. Les espèces sont également regroupées en classes, ordres, et familles. Bien que cette méthode ait été très critiquée par les contemporains de Linné, elle est toujours utilisée actuellement. Le sujet suscite encore aujourd'hui de passionnants débats. L'une des multiples questions concernant la classification du vivant est de savoir s'il y a une continuité entre les espèces comme il y a une continuité entre les couleurs de l'arc en ciel, ou bien s'il y a une discontinuité marquée entre des espèces très distinctes. D'ailleurs tous les biologistes n'ont pas tout à fait la même définition de l'espèce. La plus générale est celle-ci : regroupement d'individus partageant des caractères communs, et possédant la capacité de se reproduire entre eux, en même temps que l'impossibilité de se reproduire avec des individus d'une autre espèce. Cette définition admet maintenant des exceptions.

Selon Darwin, une vraie classification est moins fondée sur des ressemblances ou des caractéristiques communes, que sur des critères généalogiques. Les espèces doivent être classées en fonction de leur ascendance commune, ce qui est parfois assez difficile à établir. Depuis la fin du 20e siècle, les filiations entre les différents groupes d'êtres vivants s'appuient désormais sur les éléments de leur patrimoines héréditaires respectifs. Cette nouvelle classification est la version la plus récente d'une démarche scientifique initiée dès la fin du 18e siècle. La génétique moléculaire montre que tous les êtres vivants possèdent un très grand nombre de gènes en commun, et cela depuis l'époque où il n'y avait que des êtres unicellulaires sur terre. Même notre patrimoine génétique d'Homo sapiens possède des portions importantes de génome communes avec des organismes très primitifs. Nos racines sont ancrées dans un monde ancien, avec des ancêtres de plus de trois milliards d'années.

LES ERREURS PAR HASARD

Un autre aspect fondamental du darwinisme est la place absolument centrale qu'occupe le **hasard**. L'apparition d'un nouveau caractère héréditaire est un évènement fortuit, accidentel, et ce fait est confirmé par la génétique actuelle. Une mutation génétique est une erreur de transcription. C'est comme si on devait recopier à la main plusieurs fois un livre comportant des centaines de pages. Il arriverait sûrement un moment où on ferait une erreur. Cette erreur donnerait en général un mot qui n'existe pas, mais parfois, et rarement, un mot qui donne un nouveau sens à la phrase. Si la mutation génétique induit un caractère mortifère, l'individu meurt. Mais si la mutation génétique est viable, elle est transmise à la génération suivante. Ici la cause est décorrélée de l'effet. L'absence de finalité est un point fondamental. Il n'y a pas de « dessein intelligent », la nature ne connaît pas de projet, ni d'intention, elle ne connaît pas de morale, elle ne connaît ni mal ni bien. Les choses sont ce qu'elles sont.

AUCUNE ÉCHELLE DE VALEUR

Au cours de l'évolution, il n'y a pas non plus de **hiérarchie**. L'homme n'est pas en haut de l'échelle de l'évolution, car il n'y a pas d'échelle. *Homo sapiens* n'est pas un aboutissement dans l'histoire évolutive du monde ! Celle-ci est souvent représentée graphiquement sous la forme d'un arbre, mais il est plus judicieux de la représenter sous une forme sphérique, comme un pissenlit en graines, ou sous la forme d'un anneau comme on le voit parfois. Au centre de la sphère, sont placées les premières formes de vie apparues il y a plus de trois milliards d'années. Les branches centrifuges aboutissent ou pas à la surface selon que l'espèce perdure jusqu'à nos jours ou au contraire qu'elle s'est éteinte. La branche qui aboutit à l'espèce humaine côtoie d'autres branches d'espèces actuelles adaptées également à l'environnement d'aujourd'hui.

NOS SŒURS LES FEUILLES D'ARBRES !

A présent, venons-en aux feuilles des arbres. La biologie végétale est un thème trop vaste pour être traité ici, le sujet du livre est donc restreint à la partie verte et aérienne de la plante. La feuille est un organe essentiel du végétal, car au sein de cet organe s'accomplit le processus le plus essentiel qui soit pour l'ensemble de la vie sur terre : la photosynthèse. Pour réduire encore le champ, cet ouvrage traite de préférence des feuilles des arbres les plus courants de nos régions.

Il n'est pas question de nous projeter, nous, êtres humains, mammifères, animaux donc, d'une façon quelconque sur des êtres aussi dissemblables de nous que sont les plantes. Nous éviterons donc des termes comme sentiments, émotions ou intelligence. Nous ne prêterons pas d'intention aux plantes, ni de projets, même quand il leur s'agit de s'adapter. Nous éviterons aussi la notion de lutte pour la vie, ou de loi du plus fort, qui n'appartiennent qu'à l'espèce humaine.

Nous l'avons dit, les ancêtres communs entres les plantes et nous sont extrêmement anciens, il y a plus d'un milliard d'années. Ces ancêtres nous ont légué des caractéristiques communes : la capacité de se nourrir, de respirer, de grandir, de se reproduire, de communiquer. Puis une bifurcation s'est produite entre le monde végétal et le monde animal. Certaines cellules vivant dans les océans ont acquis la propriété d'utiliser l'énergie du soleil. Des colonies de cellules se sont agrégées pour former des organismes complexes. Les colonies de cellules capables de photosynthèse se sont complexifiées et sont devenues des plantes. Les autres colonies de cellules dénuées de la capacité de photosynthèse ont donné naissance au monde animal. La photosynthèse est le socle sur lequel repose l'immense majorité de la vie sur terre y compris la nôtre. Elle procure aux plantes une autonomie dont les animaux sont dénués. Elle permet de fabriquer notre nourriture de base et notre atmosphère.

Les quatre saisons d'une feuille d'arbre

Pour raconter simplement la vie d'une feuille, les chapitres de ce livre abordent différentes fonctions essentielles de la plante, et ceci au fil des quatre saisons, du printemps jusqu'à l'hiver. En premier lieu, les feuilles naissent et se développent à partir des bourgeons. Elles se déploient dès les premiers beaux jours. Durant leur vie, elles se nourrissent d'eau, d'air et de lumière. Ce faisant, elles nourrissent le reste de la plante et irriguent l'arbre des substances nourricières qu'elles ont fabriquées. Elles respirent aussi, et cela nous l'avons en commun avec elles. Elles transpirent également mais avec des conséquences essentielles pour le fonctionnement de l'arbre, puisque c'est la clé de la circulation de la sève. Contrairement à ce que l'on a longtemps voulu croire, elles sont extrêmement sensibles et réagissent aux multiples facettes du monde extérieur : elles perçoivent la présence de lumière, la proximité d'un autre arbre, la menace d'un agresseur, la quantité d'humidité, et ceci à l'aide de plus de sept cent capteurs sensoriels. Elles communiquent avec des feuilles éloignées grâce aux composés volatils qu'elles émettent dans l'air. Elles se défendent en cas de problème, que cela soit des attaques d'herbivores, d'insectes, de champignons ou des stress climatiques. Puis au fil des saisons les feuilles changent de couleur. Dans nos contrées, et chez les arbres à feuilles caduques, elles meurent quand arrive l'hiver, tombent et puis se décomposent. La vie d'une feuille est riche de la complexité du vivant, et nous sommes loin d'en avoir découvert tous les secrets.

La biologie d'une plante nous suggère, à nous les humains, une autre façon d'être au monde.

CHAPITRE 1

Les feuilles naissent

« Sentir sous l'écorce
Captives mais invincibles
La montée des sèves
La pression des bourgeons
Semblables aux rêves tenaces
Qui fortifient nos vies

Cheminer d'arbre en arbre
Explorant l'éphémère
Aller d'arbre en arbre
Dépistant la durée. »

Destination : arbre
Tant de corps et tant d'âme - 1991
Andrée Chedid

LA DORMANCE DE L'HIVER

Les feuilles des arbres naissent dans les bourgeons. Cette histoire ne commence donc pas au printemps comme on pourrait s'y attendre, mais beaucoup plus tôt. En effet dans nos régions tempérées, la plupart des bourgeons arbustifs se forment dès la fin de l'été précédent, et passent l'hiver en vie ralentie comme le reste de la plante : c'est la dormance de l'hiver, c'est-à-dire une sorte d'hibernation, pour résister aux rudes conditions hivernales. Cette entrée en phase de repos est provoquée par la conjugaison de plusieurs facteurs, essentiellement le raccourcissement de la durée du jour, et la baisse de la température.

Le développement des feuilles peut être également stoppé à d'autres périodes de l'année par des aléas climatiques. Par exemple la déshydratation : quand la quantité d'eau dans un bourgeon descend en dessous d'une certaine limite, son métabolisme est stoppé, et celui-ci ne reprend que lors de sa réhydratation. Cela arrive aussi quand la température est trop élevée : les pruniers par exemple entrent en dormance lors d'une canicule.

Mais l'entrée en dormance des bourgeons est le plus souvent un processus photopériodique, c'est-à-dire dû au cycle de lumière et d'obscurité. Par exemple certains bourgeons entrent en dormance dès qu'ils reçoivent moins de dix heures de lumière solaire par vingt quatre heures. En laboratoire il a été montré que l'entrée en dormance se trouve bloquée si l'on interrompt la nuit en son milieu par un éclairement d'une demi-heure. Le fait que la lumière soit perçue par la plante suggère la présence d'une substance photoréceptrice qui induit une réaction de type hormonal.

LES BOURGEONS

Les jardiniers qui entreprennent de tailler leurs arbres fruitiers le savent bien, les bourgeons qui engendrent des feuilles ont une forme plutôt étroite et pointue, alors que les bourgeons qui donnent naissance à des fleurs sont généralement plus courts et plus larges. Les bourgeons situés à l'aisselle d'une ancienne feuille sont collés à la tige. Sinon ils sont situés à l'extrémité de la tige.

Bourgeon de feuille et bourgeon de fleur sur un poirier.

Le bourgeon est très fragile à l'intérieur, comme un bébé-feuille. C'est pourquoi chez de nombreux arbres ayant leur origine sous des climats rigoureux, l'enveloppe extérieure du bourgeon est constituée d'**écailles** protectrices. Ces écailles imbriquées, qui sont des feuilles modifiées, sont assez dures, épaisses, imperméables à l'eau, et souvent colorées. Elles sont parfois revêtues d'un enduit cireux ou d'une résine collante comme la propolis. C'est le cas du bourgeon de marronnier. Lors du débourrement, les écailles du bourgeon ne donnent pas de feuilles mais tombent. Ces écailles extérieures recouvrent parfois d'autres écailles plus minces pourvues de poils. Cette « bourre » disparaît quand le bourgeon s'ouvre. A l'intérieur, on trouve les ébauches de feuilles qui se plissent et se superposent d'une façon caractéristique à l'espèce. Quand la feuille se développe au sein du bourgeon, plus ou moins protégée des rigueurs de l'hiver, cela lui apporte une opportunité évolutive qui lui permet de se déployer rapidement dès les beaux jours avec une large surface de photosynthèse.

Tous les bourgeons ne sont pas protégés par des écailles. D'autres sont nus, comme chez les viornes.

La gemmothérapie

Il existe une pratique qui consiste à préparer les bourgeons de certains arbres à des fins thérapeutiques. La macération dans un mélange d'eau, de glycérine et d'alcool permet d'obtenir un extrait que l'on nomme macérat glycériné. Il n'existe malheureusement pas d'étude scientifique pour prouver l'efficience de ces préparations. Pourtant il est intuitif de prêter à ces bourgeons une capacité à soigner, tout au moins à maintenir en bonne santé, tant est riche la composition de ces ébauches de feuilles, en minéraux, oligo-éléments, vitamines et facteurs de croissance divers. Reminéralisant, riche en composés anti-oxydants, le bourgeon semble un concentré de plante ! Les plus anciennement utilisés sont les bourgeons de cassis, bouleau et tilleul.

Le méristème

Au centre du bourgeon, se trouve un champ de cellules vraiment particulier, qui fait du monde végétal un monde très différent du monde animal. Ces cellules sont capables de se multiplier à une allure exceptionnellement rapide, et forment donc une zone de croissance. Cette zone structurée, en forme de pointe arrondie, est très petite et rarement visible à l'œil nu. Elle est appelée un **méristème**. Ses cellules ne sont pas encore différenciées, à l'instar des « cellules souches » du règne animal. Elles se spécialiseront plus tard en différents types de cellules. Le méristème permet donc à la plante de conserver, tout au long de la vie de la plante, la capacité de se diviser, de se différencier et d'engendrer des tissus végétaux. On parle de **totipotence**, ce qui signifie que ces cellules

« peuvent tout faire » : des feuilles, des tiges, des racines ou des fleurs, ou même une nouvelle plante ! Il est inutile de rappeler que ce n'est absolument pas le cas chez les animaux, et qu'il serait vain d'espérer obtenir un nouvel humain à partir d'un bout de doigt ! À la différence de celle de l'animal, la croissance du végétal peut se poursuivre pendant toute son existence. Ce phénomène est dû à la persistance, dans les bourgeons, de ces zones susceptibles d'élaborer des tissus nouveaux. Les végétaux sont donc capables de se cloner naturellement : une plante entière peut être obtenue à partir d'un fragment contenant ces cellules totipotentes. Cela produit une autre plante identique, c'est-à-dire avec le même bagage génétique.

Dans le monde animal il existe une exception fascinante par ses capacités de régénération : les planaires. Ce sont des petits vers plats de quelques centimètres de longueur, qui vivent dans l'eau. Lorsqu'on coupe en deux le corps du planaire transversalement, chaque partie de l'animal recrée dans son intégralité l'autre partie manquante. La partie comprenant la queue recrée la partie comprenant la tête !

Contrairement au clonage, la reproduction sexuée d'une plante est une fécondation d'une cellule femelle par une cellule mâle au sein d'une fleur. La plante qui naît de la germination de la graine hérite de caractères dont certains proviennent du parent mâle et d'autres du parent femelle. Par contre dans le cas du clonage, la nouvelle plante est strictement identique à la plante dont elle est issue. Cette propriété est mise à profit par les jardiniers pour multiplier des plantes plus ou moins extraordinaires, comme par exemple le noisetier tortueux, par bouturage ou par marcottage.

La future feuille du marronnier est particulièrement bien protégée du froid dans le bourgeon par une double protection d'écailles et de « bourre ».

Deux bourgeons d'érable se faisant face : les bourgeons sont disposés à l'aisselle des anciennes feuilles.

D'autres bourgeons au contraire ne sont pas recouverts d'écailles, comme ici le bourgeon du noyer, ou encore du cornouiller ou de la viorne. L'espace est simplement restreint par les feullles extérieures.

Bourgeon de viorne, avec les 2 feuilles opposées à la base.

L'ÉCLOSION DU PRINTEMPS

Au printemps, les conditions climatiques se modifient : les températures augmentent sur plusieurs jours, les périodes de luminosité sont plus longues. Des phénomènes hormonaux se mettent alors en place dans la plante. Les bourgeons qui étaient en dormance depuis la fin de l'été se réveillent, et se gonflent. C'est la **levée de dormance.** Les jeunes feuilles se développent. Plusieurs facteurs peuvent intervenir, comme le nombre de jours froids précédents. Chez certaines espèces, les bourgeons ne daignent se réveiller qu'après avoir subi au moins mille heures à une température inférieure à 5°C.

Si la levée de dormance a lieu trop précocement, les jeunes pousses, tendres et fragiles, peuvent brûler et tomber à cause du froid. Une seule nuit avec des températures négatives à ce moment critique peut compromettre ce développement !

Par contre si l'hiver ne comporte pas de période de gel comme dans le Perche en 2019, la levée de dormance est perturbée. C'est l'une des nombreuses conséquences du réchauffement climatique dans nos régions.

LA DISPOSITION DES FEUILLES AUTOUR DE LA TIGE

Au sein de chaque bourgeon, le méristème a une forme de pointe arrondie. Quand ses cellules se mettent à proliférer, la pointe s'allonge, et laisse sur son pourtour et derrière elle des petits renflements. Chaque renflement est une ébauche de feuille. Au fur et à mesure de l'allongement du rameau, l'extrémité de la tige est toujours pourvue d'un méristème.

Les feuilles apparaissent progressivement en périphérie du méristème, au fur et à mesure que l'axe s'étire. Elles s'écartent les unes des autres au fur et à mesure que la tige s'allonge, en même temps qu'elles acquièrent leurs dimensions et leurs structures définitives.

Les feuilles n'apparaissent donc pas d'une façon désordonnée. L'emplacement relatif des feuilles autour de la tige, et donc de chaque renflement autour du méristème, dépend de l'espèce. Le plus souvent les ébauches forment deux séries d'arcs de cercle : une série dans le sens des aiguilles d'une montre, l'autre série dans le sens inverse. Chaque renflement est situé à l'intersection des deux séries de spirales. Cette mécanique de croissance est orchestrée par plusieurs paramètres : les gènes contenus dans les noyaux de chaque cellule, l'environnement qui entoure chaque cellule, et un certain nombre d'hormones végétales comme les auxines et les cytokinines qui sont synthétisées dans les cellules et œuvrent en synergie. La place prise par chaque ébauche relativement aux autres répond à des dynamiques d'attirance et de répulsion entre les cellules qui se multiplient.

Au niveau de chaque nœud, c'est-à-dire au niveau d'insertion de la feuille sur la tige, s'édifie également un nouveau bourgeon. L'emplacement de chaque feuille a donc pour conséquence la disposition des rameaux sur l'arbre, disposition que l'on utilise comme critère de détermination pour reconnaître une espèce :

- soit les feuilles apparaissent deux par deux, l'une en face de l'autre, c'est ce que l'on appelle la **disposition opposée**
- soit les feuilles apparaissent une à une avec un écart angulaire caractéristique autour de la tige, c'est ce que l'on appelle la **disposition alterne**
- soit plusieurs feuilles apparaissent au même niveau qu'on appelle un nœud, c'est ce que l'on appelle la **disposition verticillée**.

L'**architecture** d'un arbuste est différente de celle d'un arbre : elle est liée au développement relatif des différents bourgeons. Les arbustes ont tendance à alimenter en priorité les bourgeons situés à la base : cela privilégie la croissance et le nombre des rameaux les plus bas pour former un buisson. Par contre les arbres ont tendance à alimenter les bourgeons les plus hauts, favorisant leur croissance en hauteur, les branches les plus grandes étant les plus proches de la cime. Parfois, le bourgeon terminal, à l'extrémité du rameau, disparaît par avortement spontané, ou bien engendre une fleur. Dans ce cas, ce sont les bourgeons axillaires, situés plus bas sur le rameau, qui assurent la croissance des rameaux, comme chez le lilas, le châtaignier, le saule, ou le noisetier.

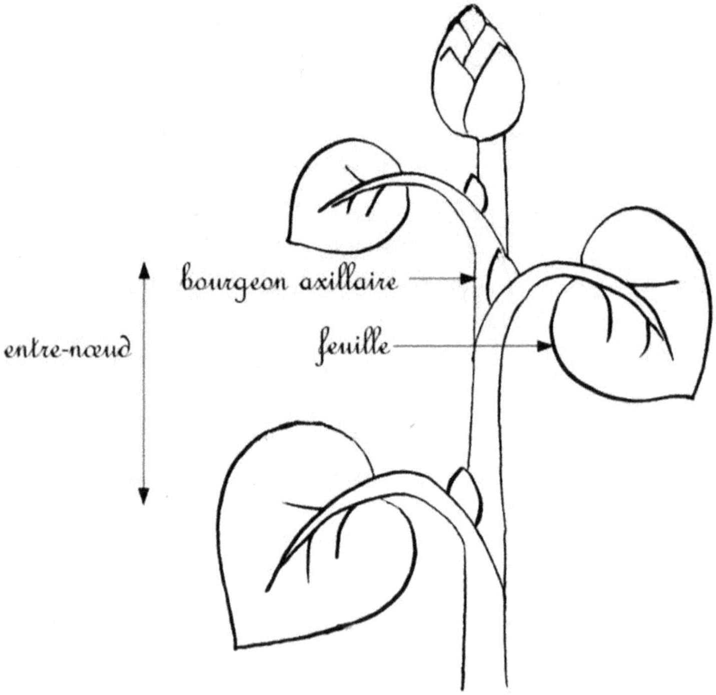

On peut reconnaître, sur une tige qui grandit, la répétition d'unités identiques formées chacune d'un nœud, d'une feuille, d'un bourgeon qui se forme à l'aisselle de la feuille, et d'un entre-nœud.

Chez le lilas, le bourgeon terminal, à l'extrémité du rameau, disparaît par avortement spontané, et ce sont les bourgeons axillaires, situés en dessous, qui se développent.

LES HORMONES DE CROISSANCE

Que ce soit la levée de dormance des bourgeons, ou la disposition relative des nouvelles feuilles, tous ces phénomènes sont régis par l'action conjuguée de plusieurs hormones végétales. La croissance de la feuille est également contrôlée par l'action des hormones. Les hormones sont des substances synthétisées par la plante. Elles sont créées à un certain endroit et agissent sur d'autres cellules pouvant être éloignées de leur lieu d'origine. Elles agissent à très faible dose. Les hormones végétales les plus connues aujourd'hui sont les auxines. Elles sont élaborées à partir d'une substance créée auparavant dans des feuilles plus âgées en présence de lumière. Après leur synthèse, les auxines migrent dans le reste de la plante, de préférence de l'extrémité vers la base de la plante. On observe donc une forte concentration d'auxines dans les racines alors qu'elles sont en faible concentration dans les bourgeons.

L'ORIGAMI DES FEUILLES

Au printemps c'est un plaisir émouvant d'observer les feuilles juvéniles délicatement plissées. D'abord enfermées dans le bourgeon pendant tout l'hiver, elles disposaient d'une place limitée. Quand elles surgissent au printemps de l'enveloppe protectrice, elles se dévoilent sous une forme savamment pliée. Le pli est une figure qui permet de contenir dans l'espace réduit du bourgeon une grande surface de feuille, qui se déploie dès les premiers beaux jours. Le pli est structuré de manière spécifique à chaque espèce. Si on observe l'intérieur du bourgeon de très près, on voit que la jeune feuille est pliée le long de chacune de ses nervures. Chaque nervure forme donc une arête à l'extérieur du pliage. Les nervures sont alignées les unes contre les autres à l'extérieur du pli, tandis que le limbe de la feuille, moins rigide que la nervure, et plus fragile, est situé à l'intérieur du bourgeon, où il est à l'abri des menaces extérieures comme le froid, la sécheresse ou les parasites.

Plusieurs motifs de pli peuvent être observés selon l'espèce. C'est un des plaisirs que l'on s'offre lors de l'inspection minutieuse du jardin aux premiers beaux jours. Dans le bourgeon du noyer ou du tilleul, comme celui du cerisier ou du hêtre, les feuilles sont **pliées en deux** le long de la nervure principale, et placées les unes à côté des autres. Par contre chez le châtaignier ou le figuier, les jeunes feuilles se font face. Dans le bourgeon du lilas, les feuilles sont plates et se recouvrent partiellement comme des **tuiles**. Les feuilles de platane font exception puisque leurs nervures sont positionnées à l'intérieur. Les jeunes feuilles de bouleau, quant à elles, sont pliées en **éventail**. Les feuilles du pommier sont roulées en deux petits rouleaux parallèles et duveteux de chaque côté de la nervure principale.

La jeune feuille grandit

Une fois la feuille déployée à la lumière, sa taille augmente : d'une part ses cellules se multiplient, et d'autre part chaque cellule augmente de volume. Ces deux processus sont gouvernés principalement par les auxines, ces hormones végétales déjà citées. La croissance de la feuille dépend de la présence d'eau, de lumière, de la température et du taux d'oxygène. Les alternances de température sont souvent plus favorables à la croissance qu'une température constante. La lumière inhibe la croissance des tiges et stimule la croissance des feuilles.

Comment est-ce que chaque cellule peut augmenter de volume ? La question se pose en effet car une cellule végétale est entourée par une **paroi** rigide, ce qui n'est pas le cas des cellules animales. C'est l'une des différences importantes entre le monde animal et le monde végétal. Cette paroi entoure la membrane, qui, elle, est une caractéristique commune aux cellules animales et végétales. Cette paroi relativement rigide a un rôle de structure. Elle est faite d'un réseau de fibres de cellulose liées à des protéines. Pour que la cellule s'allonge, la paroi doit pouvoir se distendre. Des hormones comme les auxines interviennent et augmentent la plasticité de la paroi. Elles activent certaines enzymes qui coupent les chaînes de cellulose, ce qui modifie la rigidité de la paroi des cellules et permet leur allongement. La paroi se distend alors sous l'effet de la pression intérieure grâce au phénomène de turgescence : de l'eau pénètre dans la cellule et la fait gonfler. Dans le même temps, les auxines agissent pour modifier l'expression de certains gènes, et ainsi provoquer la fabrication des protéines et donc augmenter la taille de la cellule.

Les feuilles de châtaignier au sortir du bourgeon sont finement pliées le long des nervures et elles se font face. Elles seront plus tard décalées.

Les jeunes feuilles de charme ont inspiré des designers qui voulaient créer des structures à la fois facilement pliables et déployables.

Une expérience simple a été menée pour mettre en évidence l'action de l'auxine sur la croissance : on a ajouté artificiellement de l'auxine synthétique sur une des faces de la feuille. Cette face ayant grandi plus que l'autre, la feuille s'est courbée ! La coordination de la croissance des différentes zones est donc importante pour la forme finale de la feuille dans l'espace : la forme plate est la plus courante, mais la feuille peut aussi être crispée, ou ondulée. Pour que la feuille soit plate, il est nécessaire que les deux faces aient grandi simultanément.

La multiplication des cellules n'est pas gouvernée uniquement par l'auxine. D'autres hormones interviennent, comme les cytokinines. Celles-ci stimulent la division cellulaire. La croissance est donc régie par une synergie de facteurs, elle dépend d'une juste proportion entre plusieurs régulateurs. Mais tous ces facteurs ne sont pas encore connus en détail.

Caduques ou persistantes

Selon les espèces d'arbres, les feuilles sont caduques ou persistantes. Par exemple, le tilleul ou le châtaignier possèdent des feuilles caduques, qui tombent à l'automne. Le chêne pédonculé perd ses feuilles en hiver, mais le chêne vert, abondant dans le sud de la France, se caractérise par des feuilles persistantes.

Le pin a des aiguilles persistantes qui couvrent l'arbre toute l'année. Sauf exception (le mélèze), tous les conifères ont un feuillage persistant : cela ne signifie pas que le feuillage reste indéfiniment sur l'arbre, mais qu'il s'y maintient plusieurs années. Chaque année les feuilles les plus anciennes sèchent et tombent, et sont remplacées par de nouvelles. Leur cycle de vie est d'environ trois à dix ans en fonction des espèces. L'arbre n'est donc jamais dégarni. Un sapin ne renouvelle qu'un dixième de son feuillage par an. Cela offre des avantages : une grande économie d'énergie d'abord puisque l'arbre n'a pas à reconstituer la totalité de ses feuilles à chaque printemps. Les conifères vivant essentiellement sous des climats rigoureux, en montagne ou en zone boréale, la photosynthèse est possible dès que la température le permet. Par contre, cela comporte quelques inconvénients : l'évapotranspiration quoique ralentie en hiver, peut causer des déséquilibres hydriques. Et surtout un résineux est plus fragile vis à vis du vent et de la neige, comme on l'a constaté lors des dernières tempêtes hivernales. Les feuilles des résineux sont des **aiguilles**, pour le pin ou le sapin, ou alors des **écailles** pour les cyprès.

Les feuilles qui surgissent du bourgeon de pommier sont finement velues et enroulées longitudinalement le long de la nervure principale.

Les zones qui bordent la feuille doivent s'arrêter de grandir en même temps que le centre sinon la feuille n'est pas plate, comme c'est le cas de la feuille de houx.

Résumé

En dormance pendant la saison froide, les bourgeons se réveillent au printemps sous l'influence de la température et du cycle des jours et des nuits. Le bourgeon contient des cellules embryonnaires dans une zone appelée méristème. Ces cellules se multiplient et se différencient. Elles sont totipotentes et donnent naissance à des fleurs ou à des feuilles. Un fragment de plante contenant un méristème a la possibilité de générer une nouvelle plante.

Lors de la levée de dormance, les feuilles qui étaient jusque là protégées et finement pliées dans les bourgeons se déploient. L'emplacement géométrique des feuilles autour de la tige est déjà déterminé dans le méristème. Cette architecture, comme la croissance de la feuille, et leur forme, est soumise aux gradients de différentes hormones végétales, en particulier l'auxine. La paroi végétale, relativement rigide, est remaniée. Chez certains arbres, les feuilles ne sont pas caduques mais persistantes, elles se renouvellent au fil de l'année.

Mots clés

bourgeon - dormance – écaille – méristème - totipotence – gemmothérapie - levée de dormance - pli des nervures – croissance - hormones végétales - paroi végétale – feuille caduque – feuille persistante – auxine

CHAPITRE 2

Les feuilles transpirent

« Il est dans le secret des violents nuages
Et du soleil qui boude aux horizons latents »
L'arbre
La multiple splendeur, 1906
Emile Verhaeren

Eh oui, les feuilles d'arbres transpirent ! Cela leur permet comme à nous de réguler leur température intérieure. Mais nous allons voir que leur transpiration est aussi un moteur essentiel pour la vie de l'arbre.

LA PEAU DES FEUILLES

Les feuilles sont couvertes d'un **épiderme**, ce qui correspond à notre peau. Et logiquement c'est par cet épiderme que les feuilles transpirent, mais pas n'importe comment. La plupart des feuilles de nos arbres sont fines et plates, hormis les aiguilles des conifères. Cela leur permet d'offrir à la lumière une grande surface d'absorption. Elles présentent donc une face inférieure tournée vers le sol, et une face supérieure tournée vers le ciel. Si l'on regarde attentivement une feuille, on remarque que les deux faces sont nettement différentes. L'épiderme supérieur est plus brillant, plus épais, plus vert. A la loupe on observe qu'il est constitué d'une couche de cellules très jointives, dont la paroi en surface est pourvue d'une cire isolante et hydrophobe. Cette couche protège la plante du milieu extérieur et du lessivage par la pluie. La face inférieure est mate, plus fragile. On y distingue clairement les nervures saillantes. L'épiderme de cette face est moins isolant, c'est par lui que se font les échanges entre les tissus de l'intérieur de la feuille et le milieu extérieur : divers gaz et vapeur d'eau, substances volatiles. Ces échanges sont permis grâce à des petites ouvertures dans l'épiderme de la feuille, que l'on appelle **stomates.** Un stomate (étymologiquement : *bouche*) permet et régule les échanges gazeux entre l'atmosphère et l'intérieur de la feuille. Des milliers de stomates ponctuent la surface, puisque leur taille est d'environ un dixième de millimètre. A la loupe binoculaire, on voit que cet orifice est constitué de deux **cellules jumelles,** chacune en forme de haricot, qui entourent une fente. Ces deux cellules délivrent une ouverture plus ou moins grande selon les besoins. Quand elles sont gorgées d'eau, les deux cellules se gonflent, ce qui accentue leur forme arquée. La fente médiane s'élargit et le stomate s'ouvre en grand. Généralement pendant la journée ces minuscules pores restent ouverts et permettent au gaz carbonique et à l'oxygène de sortir ou de pénétrer dans la feuille, et ainsi de rendre possible la photosynthèse et la respiration, phénomènes que nous aborderons plus loin. Précisons dès maintenant que dans l'ensemble du texte et pour le simplifier, nous utilisons le terme « oxygène » alors que le terme exact est « dioxygène ». De même nous utilisons le terme « gaz carbonique » alors que le terme exact est « dioxyde de carbone ».

LES ÉCHANGES ENTRE LA FEUILLE ET L'ATMOSPHÈRE

Les échanges de gaz, d'eau ou d'autres substances sont sous contrôle. Quand les stomates sont ouverts grâce au gonflement de ses deux cellules, la vapeur d'eau s'échappe de la feuille, c'est la transpiration. Par contre, en cas de sécheresse environnante, les deux cellules du stomate se relâchent, le stomate se ferme, ce qui limite la transpiration et la perte d'eau intérieure. Dans ce cas, les échanges gazeux sont ralentis également. Le système fonctionne comme une valve. Le dispositif est très sensible. L'ouverture est commandée par plusieurs facteurs comme bien entendu le bilan hydrique, mais aussi l'intensité lumineuse, la teneur en gaz carbonique de l'atmosphère, etc. Le système est adapté en permanence aux conditions ambiantes et à l'activité physiologique interne. Le détail des mécanismes commandant les variations réversibles de la forme des deux cellules jumelles reste discuté encore aujourd'hui par les chercheurs.

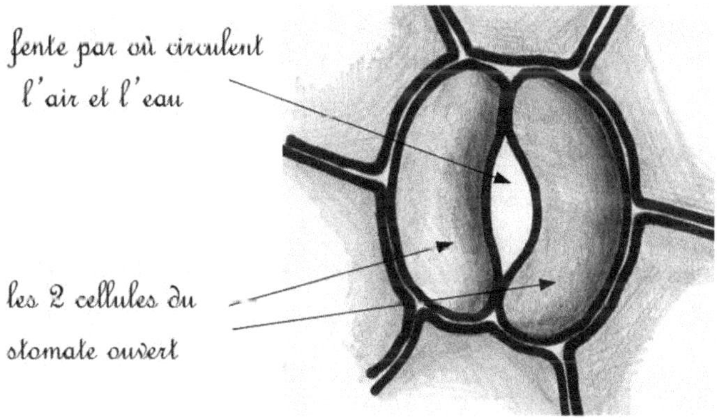

Schéma d'un stomate vu du dessus entouré d'autres cellules de l'épiderme foliaire.

Venons-en à l'une des questions les plus intrigantes que nous posent les arbres et qui est celle-ci : comment est-ce que l'eau du sol monte depuis les racines jusqu'au bout de leurs feuilles situées parfois à plusieurs dizaines de mètres plus haut ? Les arbres comme les plantes en général ne disposent pas d'un organe spécialisé qui leur tiendrait lieu de pompe, comme en sont pourvus les animaux. En fait, l'ascension de l'eau dans la plante est expliquée par la conjonction de plusieurs phénomènes.

La transpiration foliaire

La transpiration foliaire est le moteur principal qui permet à l'eau de monter dans la plante. La perte d'eau par les stomates crée une diminution de pression dans la feuille. Cette dépression est compensée par l'ascension de l'eau du sol chargée en sels minéraux dissous, depuis les racines jusqu'aux feuilles. C'est le même principe qui intervient lorsqu'on aspire le fond d'un verre avec une paille. On crée avec la bouche une dépression dans la paille, et cette dépression est compensée physiquement par l'aspiration de l'eau du fond du verre.

La surface d'évaporation d'un grand arbre est gigantesque puisqu'il porte beaucoup de feuilles, et que chaque feuille offre une grande surface d'évaporation. Ce n'est pas vrai pour les arbres de régions arides, dont les feuilles limitent l'évaporation en étant plus épaisses, épineuses ou recouvertes d'une cuticule cirée.

La migration vers le haut de la sève brute est favorisée par deux autres « moteurs » qui s'ajoutent à la transpiration des feuilles : l'osmose et la capillarité. Ces deux phénomènes ont toutefois une efficacité moindre que la transpiration foliaire.

L'osmose

L'osmose est une notion souvent évoquée en biologie : elle concerne la différence de concentration en diverses substances, de part et d'autre d'une membrane biologique, comme celle qui entoure les cellules vivantes. Une membrane biologique laisse passer beaucoup plus facilement l'eau que les substances minérales ou organiques, même dissoutes dans l'eau. Imaginons que la concentration en substances dissoutes soit plus élevée d'un côté de la membrane que de l'autre côté. L'osmose est le passage de l'eau à travers la membrane vers le milieu le plus concentré. L'osmose joue donc un rôle déterminant dans les échanges d'eau entre les tissus et leur milieu. Chaque cellule compense son manque d'eau dû à l'évaporation grâce aux cellules voisines. Cette aspiration se transmet de cellule en cellule, et c'est ainsi que l'eau des racines migre jusqu'en haut de la plante.

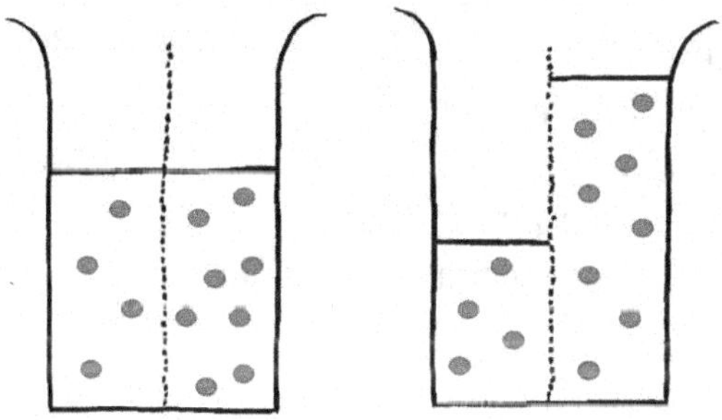

2 liquides de concentrations différentes séparés par une membrane perméable

le liquide passe du milieu le moins concentré vers le milieu le plus concentré pour équilibrer les concentrations

Une expérience à faire avec les enfants

Pour visualiser facilement le phénomène de l'osmose en biologie, voici une expérience toute simple à réaliser : il suffit de remplir deux verres avec de l'eau, puis de verser une cuillerée de sel dans l'un des verres. Enfin cinq grains de raisin sont plongés dans chaque verre. Au bout de deux heures, on constate que les raisins dans le récipient contenant du sel ont diminué de volume. L'eau qui était contenue dans le raisin est passée dans l'eau salée du verre. Par contre les raisins dans le récipient ne contenant pas de sel ont gonflé. L'eau du verre est passée dans le raisin.

LA POUSSÉE RADICULAIRE

La poussée radiculaire est directement liée au phénomène de l'osmose. Le métabolisme actif à l'intérieur de la racine tend à y faire pénétrer des sels minéraux présents dans le sol. C'est un processus dynamique, qui augmente la concentration des minéraux dans la racine. Le phénomène de l'osmose a ensuite pour effet d'attirer l'eau dans la racine pour équilibrer la concentration. Ce phénomène est sensible même la nuit. Il se produit également en l'absence de feuilles au printemps pour alimenter les bourgeons. Alors que la tension exercée par la transpiration est énorme, la pression exercée par la poussée radiculaire ne serait que de l'ordre de deux bars, celle-ci n'a donc qu'un rôle accessoire bien que non négligeable. Cette pression de deux bars équivaut néanmoins à une pression d'environ deux kilogrammes par centimètre carré !

LA CAPILLARITÉ

La capillarité quant à elle désigne *grosso modo* la propriété qu'a l'eau de monter, malgré la force de gravité, le long d'un tube très fin plongé dans le liquide. La remontée est d'autant plus forte que le tube est fin, un capillaire désignant étymologiquement un tube fin comme un cheveu. Ce phénomène est lié à l'attirance de l'eau plus grande pour la paroi du tube que pour l'air. Il est aussi lié à la cohésion des molécules d'eau entre elles, ce qu'on appelle la tension superficielle.

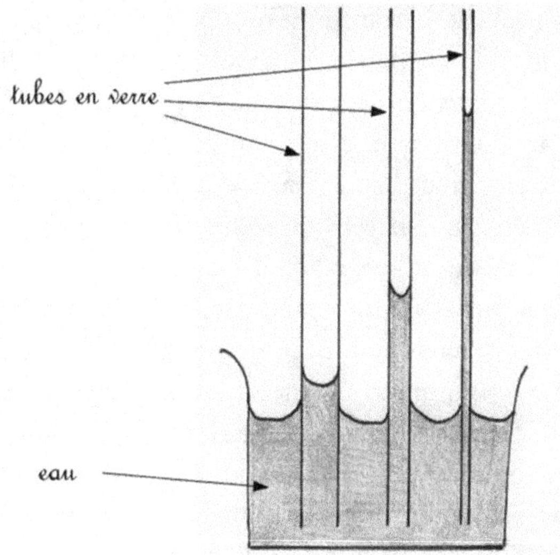

l'eau remonte d'autant plus haut que le tube est plus fin

Dans ce schéma on voit que les molécules d'eau sont attirées par les parois en verre.

La turgescence et le flétrissement

La **teneur en eau** des feuilles est généralement très grande : elle est par exemple d'environ soixante pour cent dans le cas d'une feuille de tilleul. Elle dépend des conditions ambiantes, et varie de façon réversible grâce à l'élasticité des parois. Lorsqu'elle est maximale, le végétal est dit en état de **turgescence**. La turgescence est l'état d'une cellule végétale gonflée par l'eau qu'elle contient, à cause de la quantité de substances dissoutes dans le milieu intérieur. Comme on l'a vu, ces substances dissoutes exercent une attraction sur les molécules d'eau situées à l'extérieur de la cellule. La turgescence a plusieurs conséquences sur la plante. Elle lui confère une certaine rigidité, c'est grâce à elle que les végétaux se tiennent dressés. Elle intervient dans les mécanismes complexes d'ouverture et de fermeture des stomates, qui règlent l'intensité de la transpiration de la plante. Elle est également responsable en partie de l'allongement des cellules que l'on constate dans un tissu en croissance.

Par contre si la cellule ne contient plus assez d'eau, elle flétrit et s'affaisse. Le **flétrissement** est réversible jusqu'à un certain point. En période sèche, la teneur en eau de la feuille peut diminuer de moitié. Il existe donc un assez large intervalle de variation sans préjudice pour le végétal. Cette plasticité, bien plus grande que chez les animaux, n'est tout de même pas illimitée. Si une saturation en eau ne fait pas souffrir la plante, exception faite des problèmes dus aux moisissures, en revanche, un manque d'eau conduit au flétrissement des tissus : les cellules se rétractent et les tissus s'affaissent. Trop poussé, le flétrissement devient irréversible et les cellules meurent.

La feuille est un organe ouvert

La plante fonctionne donc comme un système ouvert, dans lequel l'eau traverse la plante pour circuler du sol vers l'atmosphère.

Il est possible de mesurer la **vitesse** de montée de la sève brute, à l'aide de colorants ou de sondes. Cette vitesse est en général de l'ordre de un à six mètres à l'heure, et peut atteindre cent mètres à l'heure quand la transpiration est maximale. Par contre si l'atmosphère est saturée d'eau, ou si l'alimentation en eau est bloquée par la sécheresse ou le froid de l'hiver, il n'y a pas de transpiration, et la vitesse de montée de la sève brute est réduite.

Les besoins en eau sont considérables : en cas de transpiration maximale, celle-ci est de l'ordre de deux à six grammes d'eau par minute et par kilogramme de feuille. Un tilleul peut évaporer cinq cent litres d'eau par jour, un érable isolé encore plus, et les eucalyptus plus encore. Très grossièrement, on peut admettre qu'un végétal absorbe et rejette quotidiennement au moins son poids d'eau. Les masses d'éléments minéraux absorbés sont beaucoup plus faibles, car elles ne servent qu'à couvrir les besoins nutritifs de la plante.

LES ARBRES ET LE CLIMAT

La transpiration des plantes a une **incidence sur le climat**. Quand il pleut sur une région, une partie de l'eau ruisselant sur le sol retourne vers la mer par les ruisseaux et les rivières. Une autre partie s'évapore et remonte vers l'atmosphère pour terminer sa course sur la mer, d'où elle revient sous forme de pluie. C'est le cycle de l'eau. L'eau du sol aspirée par les plantes puis transpirée par les feuilles forme une part importante de cette eau rendue à l'atmosphère. L'évaporation et la transpiration sont généralement compensées par les pluies, tout du moins en climat tempéré. En Allemagne, la moitié seulement des précipitations proviennent directement de la mer, le reste venant de la végétation. Les forêts continentales forment une espèce de relais en créant des nuages qui sont poussés par le vent vers l'intérieur des terres.

Une expérience à faire avec les enfants

Pour mettre en évidence la transpiration foliaire, il suffit de prendre une plante verte en pot et d'entourer le feuillage avec un plastique transparent. Au bout de quelques heures, on voit que de l'eau provenant des feuilles a condensé sur le plastique.

La transpiration fait baisser la température

L'évaporation est un phénomène physique : l'eau passe d'un état liquide à un état gazeux, la vapeur d'eau, et ce phénomène **consomme de l'énergie**. Cela se traduit par une diminution de la température et donc par un rafraîchissement de la surface qui émet la vapeur d'eau. Une application de ce phénomène, bien connue en Andalousie, est la cruche en terre poreuse dont on prend soin de mouiller l'extérieur et que l'on place dans un courant d'air chaud : tant que de l'eau à l'extérieur de la cruche s'évapore, l'eau de l'intérieur est rafraîchie. On peut obtenir un résultat similaire en couvrant une bouteille de vin blanc avec un linge mouillé … Ces anecdotes ne sont évoquées que pour faire comprendre que la transpiration des feuilles d'arbres permet de réduire leur température intérieure.

Le jour et la nuit

La transpiration végétale varie quotidiennement : elle est faible la nuit, elle est maximale vers le milieu de la journée. La lumière est donc l'un des facteurs qui influencent l'ouverture ou la fermeture des stomates. L'hiver, la transpiration des plantes est réduite : les arbres à feuilles caduques ont perdu leurs feuilles, les arbres à feuilles persistantes ferment leurs stomates. En été, l'air est chaud et l'évaporation est intense. Cette saison est souvent une période difficile pour les plantes, même si elles évitent une transpiration excessive par la fermeture de leurs stomates. D'ailleurs chez les plantes adaptées aux milieux arides, les racines sont plus développées, leurs feuilles sont plus petites, avec une cuticule plus épaisse, des stomates moins nombreux. Elles stockent l'eau par la présence de mucilages, comme c'est le cas chez les plantes succulentes.

Le circuit des nervures

Voyons maintenant le circuit par lequel chemine l'eau et les éléments dissous, donc la sève, dans les feuilles. Ce réseau est constitué de multiples **nervures**, qui sont des petits tuyaux. C'est une sorte d'équivalent de notre système circulatoire, avec des flux dans un sens et dans l'autre. Chez nous, le sang est rouge vermillon et chargé d'oxygène quand il sort des poumons, il est injecté par le cœur dans le circuit des artères. Il est plus « bleu » quand il revient des organes et des muscles par les veines vers les poumons. Nous allons voir que c'est très différent chez une plante.

Feuille d'aulne.

La disposition des nervures

Les nervures ne sont pas disposées de la même façon sur le limbe de toutes les feuilles : leur arrangement relatif est caractéristique de l'espèce. On peut distinguer, même si c'est un peu arbitraire, quatre types principaux de nervation.

– chez les conifères comme le pin, les feuilles sont des aiguilles, et comportent une nervure unique.
– chez les plantes dicotylédones comme le maïs ou la tulipe, les nervures sont disposées parallèlement.
– chez certaines espèces d'arbres, chaque feuille possède une grosse nervure centrale avec des nervures secondaires réparties symétriquement de part et d'autre. Les nervures secondaires se font face, ou alors sont décalées. Les nervures sont dites « pennées » ce qui évoque les plumes d'un oiseau.
– chez d'autres espèces, les nervures sont disposées en éventail. Elles sont toujours en nombre impair, et la nervure principale, médiane, est en continuité avec le pétiole, qui est la petite tige de la feuille. Les nervures sont dites « palmées ».

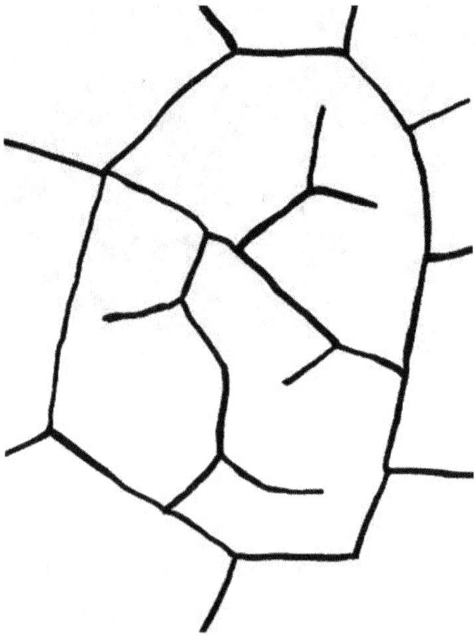

Schéma du réseau de nervures d'une feuille vue de près : les petites nervures délimitent des zones où certaines se terminent en cul-de-sac.

Réseau des nervures d'une feuille de figuier : on voit que les grosses nervures sont connectées les unes aux autres par de multiples petites nervures obliques qui forment un réseau réticulé.

Feuille de hêtre, avec une nervure centrale et des nervures secondaires réparties symétriquement de part et d'autre et décalées.

Feuilles d'if, avec une seule nervure centrale.

EST-CE QUE TOUTES LES FEUILLES ONT DES NERVURES ?

Toutes les feuilles d'arbre sont munies de nervures car les arbres comme toutes les plantes à graines ainsi que les prêles et les fougères sont des plantes vasculaires, c'est-à-dire munies de vaisseaux. Du point de vue de l'évolution, les nervures sont apparues depuis environ 460 millions d'années. Les plantes dépourvues de nervures sont dites non vasculaires. Ce sont les algues vertes, les mousses et les hépatiques. Bien que ces plantes soient apparues avant les plantes vasculaires, elles existent encore aujourd'hui.

LA SÈVE BRUTE

Les nervures sont des canaux dans lesquels circule un liquide : l'eau et les éléments dissous qu'elle transporte. Ces canaux constituent deux réseaux distincts : celui de la sève brute et celui de la sève élaborée.

Le liquide qui monte depuis les racines jusqu'à la cime de l'arbre est appelé sève brute, c'est un liquide incolore qui ressemble grandement à de l'eau pure par sa transparence. Cette eau véhicule des sels minéraux dissous captés dans le sol par les poils racinaires : essentiellement du phosphore, et du potassium. Grâce aux champignons et aux bactéries présents dans le sol, la plante absorbe aussi de l'azote. Ces trois éléments sont bien connus des jardiniers car ils sont à la base des engrais (N – P – K).

Comme on l'a vu précédemment, l'ascension de la sève brute n'est pas le fait d'un muscle comme le cœur mais elle est due à la conjonction de la poussée radiculaire et de la transpiration des feuilles.

Les nervures ne forment pas des gros vaisseaux qui se subdivisent progressivement en embranchements de plus en plus fins. Ce sont des tubes microscopiques réunis parallèlement en faisceaux. Les grosses nervures, visibles à l'œil nu surtout sur la face inférieure de la feuille, comportent de nombreux faisceaux conducteurs, disposés parallèlement. L'ensemble forme des micro-colonnes d'eau interconnectées. Le diamètre extrêmement petit des nervures permet le phénomène de la capillarité qui concourt à faire monter la colonne d'eau.

Chez les résineux, les cellules qui forment les vaisseaux chargés de faire monter la sève brute sont parmi les plus longues cellules végétales : deux à sept millimètres, soit cinquante fois plus longues que larges, dix fois plus longues que celles des feuillus. Cela explique l'intérêt des conifères pour la fabrication du papier, à cause de ces fibres très longues.

La lignine, charpente de la plante

La composition des nervures montantes est surprenante : ces micro tubes sont faits de cellules mortes ! Nous avons vu précédemment que chaque cellule végétale est entourée par une membrane, et que cette membrane est elle-même entourée d'une paroi plus rigide faite de cellulose. Au cours de la croissance, les cellules des nervures montantes, entourées de cette paroi, se placent bout à bout, puis elles meurent. Leur contenu disparaît et n'y persiste que la paroi longitudinale cellulosique. Les parois transversales disparaissent en même temps que l'intérieur des cellules, et cela donne un tube creux. Cette paroi est épaissie par une accumulation de **lignine**, un composé résistant et hydrophobe. La lignine est une grosse molécule complexe. Pour qu'une cellule incruste cette molécule sur ses parois, la succession de nombreuses réactions chimiques est nécessaire. Le dépôt de lignine a une grande importance : il apporte une armature qui permet une certaine rigidité à la feuille. Certaines conditions environnementales peuvent perturber cette lignification. Une feuille qui ne reçoit pas assez de lumière est pauvre en lignine et reste molle. En effet la lumière stimule la synthèse de lignine. Par ailleurs la présence d'eau a également une influence : la sécheresse favorise la lignification, et l'humidité la ralentit.

La montée de la sève brute est rapide : quelques centimètres par heure, surtout au début du printemps. Au niveau des feuilles, la sève est répartie par diffusion dans toutes les cellules. Les sels minéraux sont utilisés pour le métabolisme, et l'eau est évaporée par les stomates.

Le tube lignifié qu'est la nervure n'est pas imperméable : il comporte de nombreux orifices, qui permettent les échanges avec l'autre réseau de nervures, celles qui conduisent la sève élaborée.

La sève élaborée

En ce qui concerne la sève élaborée, qui circule des feuilles vers le reste de la plante, elle est conduite par des nervures dont l'anatomie est différente.

Contrairement à ce qui existe chez les animaux où les deux systèmes circulatoires sont totalement indépendants, les deux réseaux de nervures sont parallèles, couplés, et intimement associés. Les nervures sont poreuses, et des échanges se produisent entre sève brute et sève élaborée.

Chez les arbres feuillus comme le chêne, les vaisseaux conduisant la sève élaborée sont constitués de plusieurs types de cellules différentes, et qui restent vivantes, contrairement au réseau de la sève brute. Au cours de leur formation, les cellules qui forment le tube central subissent de profonds remaniements : elles perdent une partie de leurs composants, en particulier leur noyau, leur paroi longitudinale est renforcée, leur paroi transversale se perce de nombreux pores. Ce tube est entouré d'autres cellules : cellules de soutien, ou de réserve. D'autres cellules secrètent des tannins, du latex, des essences, des parfums même.

Nous verrons plus loin que ces nervures transportent la nourriture fabriquée dans les feuilles jusque dans les autres parties de la plante, et ceci par l'effet d'un métabolisme actif.

Résumé

L'épiderme des feuilles est ponctué d'orifices appelés stomates qui s'ouvrent et se ferment en fonction des besoins de la feuille. Ils laissent passer de la vapeur d'eau et des gaz comme l'oxygène et le gaz carbonique. La perte d'eau (la transpiration) est le moteur principal qui permet à la sève brute de monter des racines jusqu'au bout des feuilles. L'osmose, la poussée radiculaire, et la capillarité y contribuent. L'équilibre hydrique de la plante est un équilibre dynamique, en constante adaptation. La circulation de la sève dans l'arbre n'est pas le fait d'un organe spécialisé, elle n'utilise que très peu d'énergie, mais tire parti des lois physiques qui permettent à l'arbre une grande taille et une grande longévité. La turgescence de la plante est liée à sa teneur en eau. L'eau traverse la plante, et les arbres ont donc une incidence sur le climat alentour. La transpiration participe à la régulation de la température de la plante, et varie entre le jour et la nuit. Les nervures qui conduisent la sève sont disposées de façon spécifiques à l'espèce. La lignine qui tapisse les nervures conduisant la sève brute constitue une armature pour l'arbre.

Mots clés

épiderme foliaire – stomate – transpiration – ascension de la sève brute – osmose - capillarité - poussée radiculaire - turgescence – flétrissement – nervure – sève brute – lignine – climat – régulation thermique.

CHAPITRE 3

Les feuilles se nourrissent

"Je vais te montrer la première lampe de poche à énergie solaire ! Il ne me reste plus qu'un tout petit problème à résoudre : elle ne fonctionne qu'en plein soleil. »

La saga des gaffes
Gaston Lagaffe - 1982
André Franquin

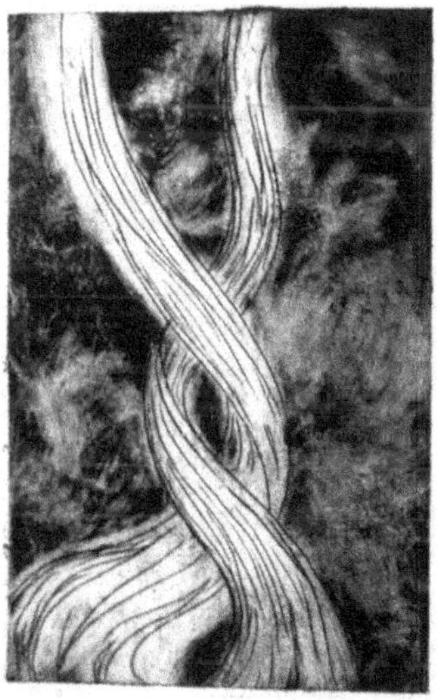

De quoi les feuilles se nourrissent-elles : la première idée qui vient à l'esprit, c'est que l'arbre se nourrit de ce qu'il trouve dans le sol, en particulier dans l'humus organique. Eh bien non ! L'essentiel de ce qui le constitue, il le trouve dans l'air. Bien sûr, il puise dans la terre un certain nombre d'éléments qui lui sont indispensables, mais les substances organiques, qui contiennent du carbone, il les fabrique à partir de l'air !

De l'énergie contre le désordre

Il faut bien comprendre qu'un être vivant, quel qu'il soit, animal ou végétal, a besoin d'une certaine quantité d'énergie pour se maintenir en vie. Sans cette énergie, c'est la mort, c'est-à-dire la désorganisation, le retour à la poussière. C'est un phénomène lié à la loi de l'**entropie**, qui est une loi universelle de la thermodynamique. Les créatures en vie maintiennent un haut niveau d'organisation, mais pour cela elles doivent consommer de l'énergie. L'une des différences fondamentales entre le règne animal et le règne végétal tient dans la source d'énergie à la base de leur métabolisme.

Les animaux tirent leur énergie de leurs aliments, en particulier du sucre et de ses dérivés, blé, riz, maïs, céréales en général. Les molécules de sucres contiennent une certaine quantité d'énergie que le corps de l'animal sait utiliser pour faire fonctionner le reste de son métabolisme. Lors de ce processus, le corps rejette du dioxyde de carbone. Nous verrons que ce processus existe également chez les plantes, ce sera l'objet du chapitre sur la respiration.

Par contre les plantes tirent leur énergie du soleil, et cela n'existe pas chez les animaux. Ce processus qui consiste à capter l'énergie du soleil et à la stocker, sous la forme de sucres justement, c'est la photosynthèse.

La chlorophylle

La substance qui permet à la plante de capter l'énergie solaire, c'est la chlorophylle. C'est elle également qui lui donne sa couleur verte. L'étymologie du mot peut sembler étrange mais en fait, la racine grecque chloro- désigne d'abord la couleur verte avant de désigner le chlore !

La chlorophylle est une grosse molécule, formée essentiellement des atomes de carbone, d'hydrogène, d'oxygène et d'azote, comme toutes les molécules organiques. On peut distinguer quatre chlorophylles très légèrement différentes les unes des autres.

C'est en 1818 que le pigment vert des feuilles a pris ce nom de chlorophylle. Un peu plus tard, on a soupçonné que ce pigment avait une certaine parenté avec l'hémoglobine du sang. En effet ce sont deux grosses molécules qui se ressemblent. L'hémoglobine donne sa couleur rouge au sang, et a la tâche de transporter l'oxygène dans tout le corps. L'hémoglobine du sang et la chlorophylle des plantes ont à peu près la même forme, à ceci près qu'au centre on trouve un atome de magnésium dans le cas de la chlorophylle, alors qu'au centre de l'hémoglobine on trouve un atome de fer.

D'où provient la couleur verte de ce pigment ? Comme nous le savons, la lumière blanche du soleil correspond à une somme de plusieurs couleurs. Chaque couleur est une radiation mono-chromatique, caractérisée par une longueur d'onde. Les radiations visibles varient de façon continue du bleu au rouge en passant par le jaune et le vert. C'est ce que l'on observe dans un arc-en-ciel, ou quand un rayon lumineux est diffracté par un prisme (rappelez-vous la pochette du disque des Pink floyd). Si un objet, éclairé par une source de lumière, une lampe ou le soleil, nous paraît coloré, cela provient du fait que l'objet absorbe certaines couleurs de la source de lumière, et pas les autres. Les couleurs qui parviennent jusqu'à notre œil sont les couleurs qui n'ont pas été absorbées par l'objet. La chlorophylle n'absorbe pas la couleur verte, et donc c'est le vert que notre œil perçoit.

Les chloroplastes

Dans les cellules d'une feuille, les molécules de chlorophylles sont localisées dans des petits organes que l'on appelle des **chloroplastes**. Ce sont des petits sacs aplatis de quelques micromètres (millièmes de millimètre). Les chlorophylles sont fortement imbriquées les unes à côté des autres, dans un complexe structuré qui contient aussi des protéines. Elles sont accompagnées d'autres pigments : les caroténoïdes, jaune orange, et la xanthophylle de couleur jaune.

La formation de ces structures est, comme la biosynthèse de la chlorophylle et des protéines qui lui sont associées, conditionnée par la présence ou non de lumière. Une plante placée à l'obscurité est à la fois pauvre en chlorophylle et en chloroplastes. Cela explique pourquoi une feuille dans l'obscurité est blanche et non pas verte. Pourquoi les feuilles d'arbres sont-elles plus vertes au dessus qu'en dessous ? Parce que les chloroplastes qui contiennent la chlorophylle sont situés en grande majorité sous l'épiderme supérieur.

Pour se faire une idée, quelques ordres de grandeur :

- on trouve dans une feuille : 70 millions de cellules
- on trouve par cellule : plusieurs dizaines de chloroplastes
- on trouve par chloroplaste : 600 millions de molécules de chlorophylle.

Un kilogramme de feuilles fraîches renferme environ un à deux grammes de chlorophylle, soit un pour cent de matière sèche.

Au sein des chloroplastes, et grâce aux molécules de chlorophylle, se produit le phénomène le plus important pour le monde vivant : la photosynthèse, un phénomène complexe qui consiste à capter l'énergie du soleil et à la stocker.

Les feuilles sont parfois bicolores : les zones blanches ne comportent ni chloroplaste ni chlorophylle.

LA PHOTOSYNTHÈSE COMME CAPTATION DE L'ÉNERGIE SOLAIRE

Quand la lumière frappe la feuille et parvient jusqu'à la molécule de chlorophylle, on dit dans le jargon des chimistes que la chlorophylle est excitée ! Rappelons qu'une molécule est composée d'atomes, chacun d'eux étant formé d'un noyau et d'électrons. Il est courant de représenter les électrons tournant autour du noyau, comme les planètes autour du soleil. En fait ils ne tournent pas, c'est une histoire de probabilité de présence. Cette vue de l'esprit permet d'imaginer qu'ils se trouvent à diverses altitudes privilégiées, chaque orbite correspondant à un certain niveau d'énergie. Lorsque la lumière parvient jusqu'aux atomes de la chlorophylle, certains électrons sont expulsés de leur orbite, vers une orbite plus externe. Ayant absorbé l'énergie portée par la lumière, ils se retrouvent sur une orbite plus énergétique. Néanmoins les électrons qui se trouvent sur une orbite plus énergétique se trouvent dans une position instable. Ils vont donc redescendre sur leur orbite initiale, en libérant le surplus d'énergie. Ce surplus est absorbé par une molécule voisine. Un très grand nombre de molécules de chlorophylles transmettent ainsi chacune une petite quantité d'énergie jusqu'à un centre réactionnel où l'énergie est enfin concentrée et utilisée pour réaliser une réaction chimique, c'est-à-dire l'élaboration d'une nouvelle substance : le sucre. La chlorophylle apparaît donc comme une antenne collectrice d'énergie.

LA PHOTOSYNTHÈSE COMME STOCKAGE DE L'ÉNERGIE SOLAIRE

La réaction chimique qui se produit dans le centre réactionnel du chloroplaste utilise donc l'énergie qui lui parvient grâce aux chlorophylles. Cette réaction permet l'élaboration d'une nouvelle substance : le sucre. Essayons de comprendre le principe. Au niveau du centre réactionnel, sont présentes deux substances : de l'eau H_2O et du dioxyde de carbone CO_2 . Les molécules d'eau H_2O proviennent des racines via les nervures. Les molécules de dioxyde de carbone CO_2 proviennent de l'air via les stomates. La molécule d'eau et la molécule de dioxyde de carbone sont d'abord coupées en morceaux. Les trois éléments qui les composent (hydrogène, oxygène et carbone) sont réarrangés. Certains sont récupérés d'un côté pour faire le sucre, et ce qui reste repart sous forme de vapeur d'eau et d'oxygène gazeux vers l'atmosphère, par les stomates.

La photosynthèse se produit si la température est suffisante, supérieure à 4°C. Chez les arbres, cette fonction est active dès l'apparition des feuilles. Elle est réalisée toute l'année par les arbres à aiguilles, mais de manière ralentie en hiver.

Remarquons que la technologie humaine contemporaine ne parvient pas à couper une molécule d'eau grâce à l'énergie solaire et à température ambiante comme le fait la feuille. Si elle parvenait à le faire, on pourrait récupérer l'hydrogène de l'eau qui serait un excellent combustible, mais cette opération n'est même pas encore envisageable !

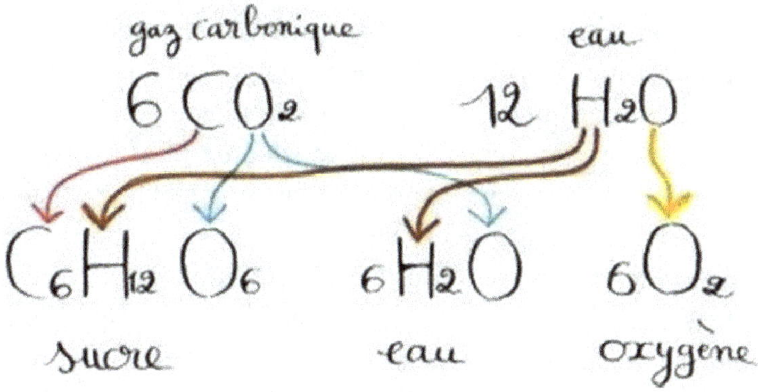

La fabrication de sucre lors de la photosynthèse peut s'écrire ainsi : dioxyde de carbone, eau et lumière, produisent sucre, oxygène et eau.

Un autre point mérite d'être signalé, à une époque où la quantité de gaz carbonique et donc de gaz à effet de serre dans l'atmosphère fait monter la température et met en péril l'ensemble des espèces vivant sur la terre : les organismes photosynthétiques assimilent environ 100 milliards de tonnes de carbone chaque année sur la terre. Ce sont surtout les forêts jeunes, et le phytoplancton des océans qui interviennent. Pourtant les plantes ne bénéficient pas pour l'instant d'une taxe carbone !

Des animaux verts ?

Oui la sauterelle est verte, comme la mante religieuse, le caméléon parfois aussi. Certains grands lézards ou des petites grenouilles sont verts. Mais les animaux ne possèdent aucun pigment vert. C'est l'addition du bleu et du jaune qui les fait paraître verts. Le bleu est dû à des petites structures microscopiques. Le jaune est dû à un pigment présent dans les cellules.

Il existe une exception, comme cela arrive constamment dans le monde vivant, et cette exception est remarquable. De plus elle a un joli nom : l'Elysie émeraude est une petite limace de mer longue de cinq à six centimètres. Non seulement elle est verte, mais elle est capable de photosynthèse ! Elle est donc l'unique animal connu aujourd'hui capable d'utiliser l'énergie du soleil. Ce mollusque gastéropode, que l'on trouve dans les eaux peu profondes des rivages d'Amérique du nord, se nourrit d'une algue verte spécifique dont elle ingère les chloroplastes. Son corps aplati ressemble d'ailleurs à une feuille d'arbre quand l'animal déploie ses flancs. Au fur et à mesure que la jeune limace ingère des algues, les chloroplastes se stabilisent dans son appareil digestif et elle devient progressivement verte. Ce qui est extraordinaire, c'est que les chloroplastes ne sont pas détruits par la digestion, mais continuent d'être fonctionnels à l'intérieur du tube digestif de la limace, et donc de fabriquer des sucres grâce à la lumière. Ce phénomène incroyable est possible parce que cet animal a intégré dans son génome une partie du génome de l'algue, pour maintenir l'activité des chloroplastes. La distinction fondamentale entre le règne végétal et le règne animal est ici contredite, la frontière entre les deux règnes est franchie !

Une curiosité et une exception du monde animal : l'Elysie émeraude. DR © molnix / reddit.

DEPUIS QUAND LES CHLOROPLASTES SONT-ILS APPARUS DANS LE MONDE VIVANT ?

Les premières bactéries primitives sont nées dans les océans il y a à peu près trois milliards et demi d'années. A l'époque, l'atmosphère terrestre n'était pas du tout la même qu'aujourd'hui. Elle était bel et bien irrespirable, si l'on s'en tient à notre point de vue d'humain ! Le taux d'oxygène était très faible, de l'ordre de 2 %, contre 21 % aujourd'hui.

Un milliard d'années plus tard environ, sont apparues les **cyanobactéries**. Ces êtres unicellulaires nouveaux étaient capables de photosynthèse et celle-ci s'effectuait directement dans la cellule, sans chloroplaste. Grace à la photosynthèse, les cyanobactéries produisaient de l'oxygène. Très nombreuses dans les océans à l'époque, et par un effet boule de neige, elles ont progressivement enrichi l'atmosphère en oxygène. Aujourd'hui encore, l'essentiel de l'oxygène de l'atmosphère est produit dans la mer par le phytoplancton. De grands bouleversements successifs dans la composition de l'atmosphère ont conduit à l'extinction de plusieurs formes de vie primitive et à l'apparition de nouvelles espèces.

Il y a environ un milliard et demi d'années, certaines cellules archaïques se nourrissaient en ingérant des cellules plus petites. Elles auraient assimilé des cyanobactéries qui auraient continué à vivre au sein de leur cellule hôte. Elles auraient donc vécu en symbiose avec elles. La cyanobactérie incorporée est devenue au fil du temps un chloroplaste. Les plantes étaient nées !

L'origine de ces chloroplastes explique pourquoi ces petits organes au sein de la cellule contiennent leur propre petit génome, alors que le génome de la cellule proprement dit est contenu dans un noyau.

Rappelons que les champignons ne font pas partie du règne végétal : en dehors du fait qu'ils se reproduisent par des spores et non pas grâce à la fécondation d'un ovule par le pollen, ils ne possèdent pas de chlorophylle et ne sont donc pas capables de photosynthèse. Ils sont obligés de trouver une nourriture déjà fabriquée par les plantes.

Résumé

La feuille d'arbre se nourrit de l'eau provenant du sol via les racines, et du gaz carbonique de l'air. Elle a une forme généralement extra plate pour offrir un maximum de surface à la lumière. Elle capte l'énergie solaire, grâce à des milliards de molécules de chlorophylle contenues dans les chloroplastes qui sont des petites vésicules à l'intérieur des cellules. La réaction produit du sucre, de l'eau et de l'oxygène : c'est la photosynthèse. La chlorophylle donne sa couleur verte aux feuilles. Du point de vue de l'évolution, les chloroplastes sont issus de l'ingestion de cyanobactéries par d'autres organismes unicellulaires.

L'oxygène présent dans l'atmosphère provient de l'activité des plantes chlorophylliennes marines et terrestres depuis leur apparition sur terre.

Mots clés

entropie -chlorophylle – chloroplaste – photosynthèse – captation et stockage de l'énergie solaire - dégagement d'oxygène – consommation de dioxyde de carbone - élysie émeraude – évolution - cyanobactéries

CHAPITRE 4

Les feuilles respirent

« Feuilles qui tressaillez à la pointe des branches,
Nids dont le vent sème au loin les plumes blanches,
Clairières, vallons verts, déserts sombres et doux,
Vous savez que je suis calme et pur comme vous.»

Aux arbres
Les contemplations - 1843
Victor Hugo

En l'absence d'oxygène, diverses bactéries et levures vivent et se multiplient, elles ne respirent donc pas. Elles fermentent. Les bactéries de notre tube digestif, ou les levures qui transforment le chou cru en excellente choucroute en sont des exemples. Mais depuis deux milliards d'années, l'oxygène étant abondant dans l'atmosphère, la plupart des êtres vivants respirent, qu'ils soient plantes ou animaux.

Ainsi la feuille de l'arbre respire en permanence, aussi bien à l'obscurité qu'à la lumière : cela se traduit par une **consommation d'oxygène** et un **rejet de dioxyde de carbone**. Les échanges gazeux sont donc inverses de ceux effectués lors de la photosynthèse, mais dix à cinquante fois moins intenses.

N'étant pas pourvues de poumons, les plantes assurent le transfert des gaz par diffusion. Les gaz se déplacent dans les espaces entre les cellules de la feuille, et franchissent les parois cellulaires par de petites perforations. Entre le milieu extérieur et le milieu intérieur, ce sont les stomates répartis en-dessous de la feuille qui permettent les échanges gazeux.

La respiration est à la base de la croissance et du maintien en vie de toutes les plantes ou les animaux. Elle permet d'utiliser l'énergie contenue dans les sucres, ceux-la mêmes qui avaient été synthétisés lors de la photosynthèse.

On peut considérer la respiration comme une combustion. D'une part l'un des éléments indispensables est l'**oxygène**. D'autre part une partie de l'énergie libérée est émise sous forme de chaleur. Rappelons-nous que c'est avec la flamme d'une bougie que l'on mettait en évidence autrefois la présence d'oxygène, car sans ce gaz, la flamme s'éteint. L'autre élément indispensable est le **combustible**, non pas la bûche que l'on brûle dans la cheminée, mais ici : le sucre. Comme l'a montré notre cher Lavoisier en 1783, les aliments, en brûlant, produisent le gaz carbonique qui est ensuite exhalé par la respiration. La compréhension de ce que sont la combustion et la respiration a débuté avec ce grand chimiste français, malheureusement guillotiné à l'age de cinquante ans lors de la Révolution française.

Ce qu'on voit en regardant de très près

Le microscope électronique nous permet de visualiser l'intérieur d'une cellule, car l'image que l'on obtient peut être grossie jusqu'à deux millions de fois. Elle nous montre dans la cellule diverses petites vésicules comme les chloroplastes si la cellule est une cellule végétale. On y voit aussi une autre sorte de petites vésicules spécialisées, qu'on nomme **mitochondries** et qui sont présentes dans chacune des cellules de plante et dans chacune des cellules d'animaux, y compris les cellules du corps humain. Les mitochondries ont un rôle fondamental dans la machinerie cellulaire, c'est en elles que s'effectue la respiration, elles constituent la centrale énergétique de la cellule.

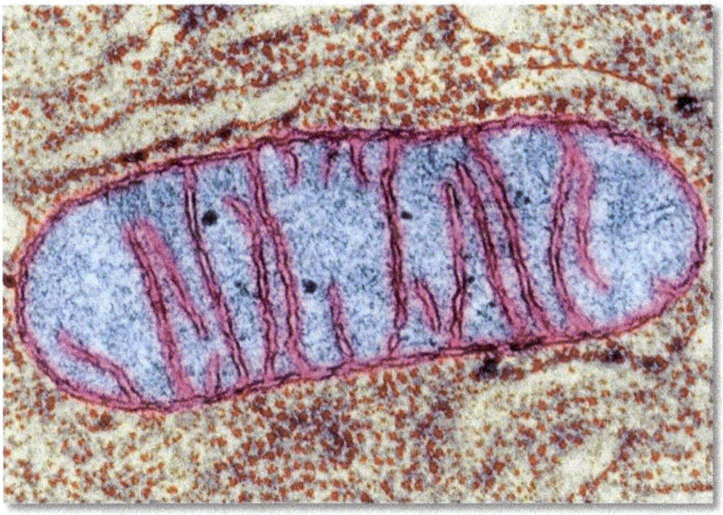

La mitochondrie est la centrale énergétique de la cellule. Ici une mitochondrie vue au microscope électronique en coupe. Crédits : *CNRI – Getty.*

L'origine des mitochondries dans l'évolution est très ancienne, à l'instar de celle des chloroplastes. Ces deux vésicules ont des dimensions très voisines de celles d'une bactérie : de un à deux millièmes de millimètre de long. Elles possèdent leur propre petit génome, indépendant du génome principal de la cellule contenu dans le noyau. Il est donc probable que ces deux vésicules soient le résultat d'une ingestion de bactéries par des cellules primitives. Cette ingestion aurait abouti à une symbiose entre la cellule hôte et ce qui devient la mitochondrie ou le chloroplaste.

LA COMBUSTION DES SUCRES

Lors de la respiration, les sucres sont oxydés par l'oxygène, qu'il soit présent dans l'air ou dissous dans l'eau. Cela revient à dire qu'ils sont coupés, on dit aussi : dégradés. Lors de cette réaction, des électrons sont transférés d'atomes en atomes dans des processus complexes. A l'issue de ces réactions, du gaz carbonique et de l'eau sont libérés. L'énergie qui résulte de la réaction est utilisée pour recharger une sorte de petite pile. Ce que l'on compare ici avec une petite pile est en fait une substance nommée ATP. Celle-ci transporte en effet cette énergie partout où cela est est utile dans la cellule. Cette énergie sert à élaborer de nouvelles molécules : elle est à la base du métabolisme de la cellule. Quand cette sorte de petite pile chargée appelée ATP a transféré cette énergie, elle est appelée ADP, elle doit alors être rechargée.

La réaction est exothermique, les mitochondries produisent donc de la chaleur. Récemment il a été montré que dans les cellules humaines, la température au sein de la mitochondrie est élevée, proche de 50 °C, et que cette chaleur est diffusée dans la cellule autour de la mitochondrie. De plus les mitochondries se déplacent au sein de la cellule, forment des réseaux et il semblerait même qu'elles vibrent !

Par ailleurs cette énergie est utile à de multiples autres fonctions : mouvements microscopiques à l'intérieur des cellules, mouvements macroscopiques des feuilles, division cellulaire, transport actif de substances à travers les parois ou les membranes biologiques.

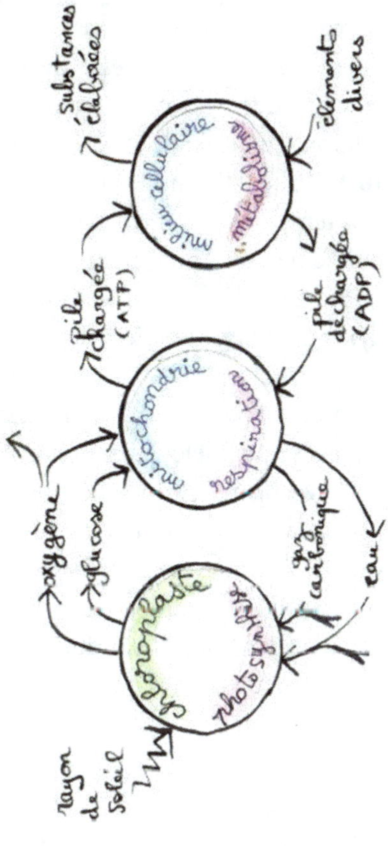

Les transferts d'énergie au sein de la cellule

LE TRANSPORT DE LA SÈVE ÉLABORÉE

Les feuilles sont donc le siège de la captation de l'énergie solaire, de sa transformation en énergie chimique et de l'élaboration d'un grand nombre de substances. Ces substances sont transportées dans le reste de la plante par la sève élaborée. Contrairement à la sève brute qui est fluide comme l'eau et quasiment transparente, cette sève élaborée est visqueuse, puisque riche en substances organiques (de cinq à vingt pour cent). En ce qui concerne les sucres, on trouve surtout du saccharose. Elle contient aussi des protéines, des vitamines, des hormones, etc. La vitesse de migration de la sève élaborée est de l'ordre de dix à cent centimètres par heure, donc plus faible que celle de la sève brute. Elle dépend de la température. Elle diminue la nuit, par suite de l'abaissement de la température. Alors que la migration de la sève brute est due à des lois purement physiques (osmose, capillarité), la migration de la sève élaborée est contrôlée d'une manière dynamique en fonction des besoins des tissus de la plante.

Cette sève élaborée est transportée dans des faisceaux de **nervures descendantes**, parallèles aux nervures ascendantes qui conduisent la sève brute. Alors que les nervures ascendantes sont faites de vaisseaux ligneux, de cellules mortes mises bout à bout, les cellules qui forment les canaux descendants sont vivantes et biologiquement actives. Les cellules au centre du canal sont des cellules conductrices très longues, et alignées. Elles contiennent des protéines tubulaires qui forment un fin réseau spongieux . Elles ont perdu leur noyau. Leurs parois longitudinales sont hypertrophiées. Les parois transversales sont percées de multiples trous.

Un deuxième type de cellules entoure les vaisseaux proprement dits. Elles sont appelées « cellules compagnes » et contiennent des substances de réserve. Ces cellules participent sans doute au bon fonctionnement des cellules conductrices, d'autant plus que ces dernières ne possèdent pas de noyau.

Les produits élaborés

Que deviennent les matières synthétisées à partir du sucre lors de la respiration ? Chaque cellule effectue le stockage dans de petits réservoirs qu'on appelle **vacuole.** On pourrait penser que le mot « vacuole »par son étymologie évoque la vacuité, le vide, mais au contraire ce petit sac n'est pas vide : il est rempli d'eau et de diverses substances. L'effet de turgescence qui est du à la pression de l'eau dans les vacuoles procure à la feuille une relative rigidité. Chez les résineux, les vacuoles contiennent des essences et des résines. Les essences sont des composés volatils, et elles confèrent un parfum très prononcé et caractéristique au feuillage dès qu'on le froisse.

L'excédent des matières synthétisées est transporté par la sève élaborée dans d'autres parties de la plante. Nous savons bien que les parties les plus nutritives d'une plante sont les **racines** et les **graines**. Les plantes vivaces font des réserves dans leurs racines pour reprendre leur développement au printemps. Les pommes de terre par exemple sont très riches en amidon, qui est un polymère de sucre. Les plantes annuelles comptent sur leurs graines pour se perpétuer, et ces graines sont très riches en lipides pour opérer la germination. Les féculents ou les céréales très riches en glucides sont bien les bases de notre alimentation.

En plus dcs substances de réserve, la plante synthétise de très nombreux éléments dont nous, en tant qu'animaux, avons besoin et que nous sommes incapables de fabriquer. Nous avons cité les vitamines, mais il y en a d'autres, comme les divers pigments végétaux : flavonoïdes, caroténoïdes, tanins. Sans compter les multiples drogues et substances thérapeutiques.

La **biomasse** est l'ensemble des matières organiques qui s'accumulent sur terre : tissus de plantes aquatiques ou terrestres, créés grâce à l'énergie solaire. D'un point de vue économique, cette biomasse est une source d'énergie renouvelable. C'est pourquoi de nombreuses recherches visent à exploiter cette ressource pour remplacer les sources d'énergies fossiles comme le gaz, le pétrole ou le charbon, qui sont en fait des biomasses fossilisées, et comme l'énergie nucléaire dont on ne sait toujours pas gérer les déchets. Cette alternative pourrait être pertinente. Malheureusement de nombreuses difficultés persistent. D'une part la demande en énergie de nos sociétés, loin de se stabiliser, croit de façon exponentielle. D'un point de vue énergétique, le potentiel de la biomasse est relativement limité. De grandes surfaces de terrain sont nécessaires. Enfin la production végétale doit être prioritairement utilisée pour subvenir aux besoins alimentaires de l'humanité. Des moyens doivent être trouvés pour distribuer cette énergie selon les besoins. Jusqu'à présent la principale utilisation de la biomasse comme source de chaleur était le bois de chauffage. Aujourd'hui les sous-produits de l'agriculture ou de l'exploitation forestière fournissent une quantité non négligeable de combustibles dans des centrales électriques. Mais cette source d'énergie biologique ne peut être que décentralisée, et accompagnée d'une diminution des besoins.

Résumé

La feuille respire, comme bon nombre d'êtres vivants et cela se traduit par une consommation d'oxygène et un dégagement de dioxyde de carbone. La respiration est la combustion du sucre qu'elle a fabriqué lors de la photosynthèse. Cette réaction se produit au sein des mitochondries, des petites vésicules dans la cellule. Outre que la réaction produit de la chaleur, l'énergie stockée dans le sucre est utilisée pour la fabrication de nouvelles substances qui sont ensuite transportées par la sève élaborée. La capacité de synthèse d'une plante est remarquable : à partir d'un gland de quelques grammes, se construit un chêne de plusieurs tonnes.

La respiration et la photosynthèse sont deux phénomènes biologiques qui permettent la nutrition de la plante, mais ils sont opposés du point de vue énergétique. Ils sont à la base de la vie sur terre : la production d'oxygène dans l'atmosphère, la synthèse de biomasse, l'élaboration de composés uniquement produits par les plantes et pourtant indispensables aux animaux, la captation de gaz à effet de serre.

Mots clés

consommation d'oxygène - dégagement de dioxyde de carbone – élaboration des substances – mitochondries – vacuole - nervures descendantes – constitution de réserves - production de biomasse – ATP - énergie

Chapitre 5

Les feuilles perçoivent

« La Nature est un temple où de vivants piliers
Laissent parfois sortir de confuses paroles ;
L'homme y passe à travers des forêts de symboles
Qui l'observent avec des regards familiers.
Comme de longs échos qui de loin se confondent
Dans une ténébreuse et profonde unité,
Vaste comme la nuit et comme la clarté,
Les parfums, les couleurs et les sons se répondent.
II est des parfums frais comme des chairs d'enfants,
Doux comme les hautbois, verts comme les prairies,
— Et d'autres, corrompus, riches et triomphants,
Ayant l'expansion des choses infinies,
Comme l'ambre, le musc, le benjoin et l'encens,
Qui chantent les transports de l'esprit et des sens. »

Correspondances
Les Fleurs du mal - 1857
Charles Baudelaire

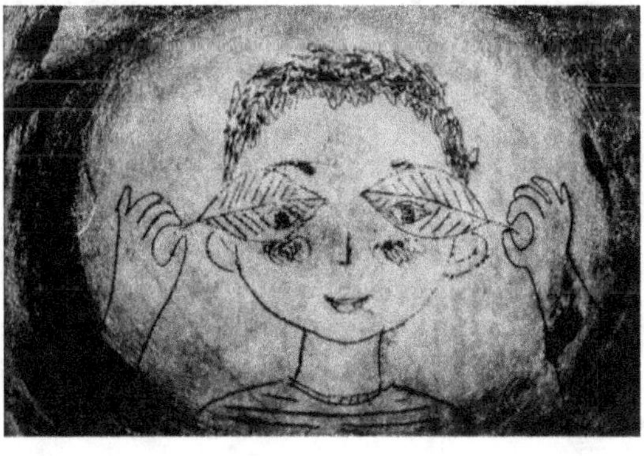

Ni œil, ni oreille ! Pour percevoir leur environnement, les plantes ne disposent ni d'un organe spécialisé dédié à la vue, ni d'un organe dédié à l'ouïe. Les fonctions de perception sont décentralisées et dispersées dans la plupart des cellules de leurs feuilles, de leurs fleurs, et de leurs racines. Ces perceptions permettent à la plante d'adopter la meilleure attitude possible face à ce qui l'entoure, de se développer au mieux en fonction des conditions environnantes, et de se prémunir contre d'éventuelles agressions. Ces perceptions engendrent des modifications dans leur métabolisme, déclenchent des évènements dans leur cycle de vie, comme la germination ou la sénescence des feuilles par exemple.

LES TROPISMES DE LA PLANTE

Parfois même ces perceptions amènent les plantes à se mouvoir ou à changer de posture ! Le terme **tropisme** vient du grec *tropein* : tourner. On peut parfois parler de tropisme à propos de psychologie humaine, quand il s'agit de décrire ce qui nous attire. Mais dans le règne végétal, cela désigne une modification de la croissance, une courbure de la plante, causée par un stimulus extérieur. Premier exemple de tropisme : la plante est sensible au champ de **gravitation**, orienté suivant la verticale du lieu. Une tige placée à l'horizontale poursuit sa croissance vers le haut. Cette perception du haut et du bas est due à la sédimentation de gros grains d'amidon dans des cellules spécialisées. Cela ressemble à notre propre perception de la gravité qui se situe dans notre oreille interne. Là, des petits cailloux de calcaire tombent sur des cils microscopiques, que l'on dit mécano-sensibles. Chez la plante, le redressement est rendu possible par une distribution asymétrique de l'auxine, cette hormone de croissance synthétisée dans les feuilles. La plante est également sensible à sa propre position, ce qui lui permet de corriger celle-ci.

Grandir vers la lumière

Autre exemple de tropisme : une plante, qui se développe donc principalement à la verticale, se dirige vers le côté si elle reçoit la lumière latéralement. C'est Darwin dans les années 1880 qui a montré scientifiquement ce phénomène, que l'on appelle le **phototropisme**. Darwin, étant un scientifique extrêmement prudent et avisé, n'a pas utilisé le terme de vision chez les végétaux. Mais il a bien décrit une perception de la lumière chez les plantes. Nous avons déjà évoqué l'influence des phytohormones telles que l'auxine sur la croissance des différents tissus de la feuille. L'action de cette hormone sur l'élongation cellulaire est en effet très influencée par la quantité et la qualité de la lumière reçue.

La feuille est couverte de récepteurs spécifiques

Si la plante modifie sa croissance en fonction de la gravitation ou de l'orientation de la lumière, c'est bien que ses feuilles détectent ces paramètres. Et elles distinguent les différentes couleurs dont la lumière est composée. Comme nous l'avons déjà rappelé, nous considérons la lumière du soleil comme blanche, mais elle est la somme de plusieurs couleurs que l'on peut décomposer par un prisme. Les pigments végétaux comme les chlorophylles et les caroténoïdes, responsables de la photosynthèse dans les chloroplastes, absorbent le bleu (450 nanomètres) et le rouge (660 nm). Les anthocyanes situés dans les vacuoles absorbent les ultraviolets et protègent ainsi la feuille d'éventuels dégâts sur le génome. D'autres éléments absorbent la lumière, et produisent une information pour la plante, ils sont appelés des photorécepteurs. Il existe des récepteurs spécifiques à certaines radiations mono-chromatiques.

La perception de la lumière rouge

Le photorécepteur le plus connu aujourd'hui est le **phytochrome**. Comment cela fonctionne-t-il ? Ce phytochrome est une protéine, qui existe sous deux formes convertibles. Quand cette protéine absorbe la couleur rouge clair (autour de 660 nm), elle est sous une certaine forme. Quand elle absorbe la couleur rouge sombre (autour de 730 nm, c'est-à-dire plus vers l'infrarouge), elle change de forme. Ce changement de forme est réversible.

Quand le phytochrome est activé, le résultat se traduit d'abord par une réponse rapide, puis une réponse plus tardive. Le passage d'une forme à l'autre induit des variations de potentiel électrique au niveau des membranes cellulaires. Cela provoque des mouvements d'eau dans les cellules, ce qui fait bouger les feuilles. Puis cela aboutit à une modification plus lente et profonde, car le phytochrome migre à l'intérieur du noyau de la cellule et agit sur l'expression des gènes. Les modifications physiologiques induites sont diverses : déclenchement du fleurissement, démarrage de la germination, modification de la croissance.

La qualité de la lumière et de la couleur rouge influence également la saveur de la plante, car elle augmente sa concentration en huiles.

La perception de la lumière bleue

La feuille est munie d'autres récepteurs sensibles à d'autres couleurs. Les **cryptochromes** sont des protéines sensibles à la lumière bleue (de 320 à 500 nm). Ils existent chez la plupart des organismes vivants, animaux ou végétaux. Ils sont impliqués dans l'ajustement des rythmes circadiens, ces processus biologiques autonomes proches de vingt-quatre heures, dont dépendent certaines fonctions vitales. Ces rythmes sont ajustés en permanence par la lumière reçue, cette lumière subissant des variations saisonnières. On a donc un couplage entre une horloge moléculaire interne et la sensibilité des photorécepteurs. Le **photopériodisme** est un phénomène répandu aussi bien dans le monde animal que dans le monde végétal. Ces récepteurs permettent aussi la détection du champ magnétique.

La feuille mesure grâce aux cryptochromes la durée du jour et de la nuit. Sous l'influence de ces récepteurs, les feuilles fabriquent une protéine, le **florigène**. Après sa synthèse dans les feuilles, le florigène est transporté par la sève élaborée dans toute la plante jusqu'à l'extrémité de la tige. Au printemps le florigène induit une modification du devenir des cellules embryonnaires situées à l'extrémité de la tige. Cette modification oriente les cellules souches vers la production de fleurs plutôt que de feuilles.

Certaines plantes réagissent aux jours courts, d'autres aux jours longs. Les plantes de jours courts sont sensibles uniquement à la lumière rouge (phytochrome) tandis que les plantes de jours longs sont sensibles à la lumière rouge et à la lumière bleue (phytochrome et cryptochromes).

LES FEUILLES BOUGENT PLUS QU'ON NE CROIT !

De fins observateurs ont remarqué depuis longtemps, depuis même l'antiquité, que certaines feuilles se ferment la nuit, ou qu'elles se déplacent vers la lumière, ou qu'elles s'enroulent autour d'un axe. Leur immobilité n'est donc qu'apparente. Si l'on ne perçoit généralement pas leur mouvement, c'est parce que ce mouvement n'appartient pas à la même temporalité que la nôtre. Les plantes vivent dans un monde où tout est généralement plus lent que dans le monde des humains. Mais il ne fait aucun doute que les feuilles remuent. Pour réellement le constater, des instruments sont appelés à la rescousse : on utilise par exemple des caméras qui nous permettent d'accélérer après enregistrement l'image du mouvement des feuilles pour nous le rendre perceptible. Comment les feuilles sont-elles capables de bouger sans muscle ? La turgescence, c'est à dire le gonflement des vacuoles à l'intérieur des cellules, est un des moyens mis en œuvre par la feuille pour bouger. En effet la quantité d'eau contenue dans les vacuoles crée une pression contre la paroi cellulaire. Les variations de volume des cellules situées à la base des feuilles agissent comme un vérin hydraulique. La pression due à la turgescence peut atteindre cinq à dix fois la pression atmosphérique. Elle est près de cent fois supérieure à celle des cellules animales. Elle est même deux à quatre fois supérieure à celle que l'on mesure dans les pneus des voitures !

Une croissance différentielle est un autre moyen de se mouvoir, mais encore plus lent : quand certaines zones de la feuille grandissent plus rapidement que d'autres, cela crée une déformation, une courbure, donc au final un mouvement. Cela permet à la feuille de s'adapter à l'environnement lumineux par exemple. Il existe une très charmante petite plante, la cymbalaire des murs, que l'on appelle aussi « ruine de Rome » qui décore les vieux murs de petites touffes de fleurs violettes et de feuilles luisantes. Cette plante est dotée d'un phototropisme négatif, qui la fait se diriger à l'inverse de la lumière. C'est ainsi qu'elle a tendance à déverser ses graines vers l'anfractuosité du mur. Cette tendance à rechercher l'ombre caractérise également les plantes grimpantes, qui associent ombre et possibilité de support sur lequel grimper.

Cymbalaire des murs.

En 2017, une équipe de chercheurs de l'université danoise d'Aarhus a montré que les branches d'arbres bougent lentement et de haut en bas pendant la nuit. L'expérience a été menée sur vingt deux petits arbres de différentes espèces, tous à l'abri du vent dans une serre. Les mouvements ont été enregistrés grâce à des appareils très précis de balayage laser. Les chercheurs ont été attentifs à ce que les arbres soient bien dans l'obscurité pendant toute la durée des mesures, c'est-à-dire des nuits de douze heures. Des mouvements de deux centimètres environ ont été observés, en particulier pour les espèces d'érable et de marronnier, et ceci avec une périodicité de deux à quatre heures. Ce phénomène est encore inexpliqué. Une hypothèse a été émise selon laquelle la pression de l'eau dans les branches subirait des variations périodiques. D'après les auteurs, cela ferait monter l'eau vers la canopée, les branches « pomperaient » l'eau en quelque sorte ... De façon encore plus hasardeuse, les titres des articles relatant cette expérience attribuent à la plante des « battements de cœur » ! Sans commentaire ...

LE SOMMEIL DES FEUILLES

Somnus plantarum : c'est ainsi que Carl von Linné nommait le repliement des feuilles la nuit. C'est ce que l'on observe chez les feuilles de plusieurs Fabacées, qui se replient dès la tombée du jour. C'est aussi le cas des feuilles de l'oxalis, cette jolie petite herbe dont la forme des trois folioles ressemble à des cœurs. Ce comportement leur permettrait peut-être de se défendre contre les prédateurs nocturnes. Ce mouvement est lié à une petite poche remplie d'eau à la base de la feuille. Cette structure en forme de charnière se vide la nuit, de sorte que le manque de turgescence conduit la feuille à se replier. Certains insectes trouvent ainsi une chambre à coucher pour la nuit, à l'abri des dangers !

LA PLANTE DÉTECTE LA PRÉSENCE D'AUTRES PLANTES À SES CÔTÉS

Le phytochrome, qui change de forme selon qu'il reçoit de la lumière rouge sombre ou rouge clair, permet à la plante de s'adapter à la présence d'autres plantes. En effet grâce à cette protéine, la feuille perçoit l'ombre qu'elles provoquent en sous-bois ou dans les champs, car l'ombre d'une plante est caractérisée par une forte diminution de l'éclairement, une diminution des radiations rouge clair et un enrichissement en rouge sombre. Quand cette radiation est détectée par le phytochrome, cela provoque un allongement des tiges et des feuilles, pour atteindre la lumière non filtrée.

À la fin des années 1990, les biologistes ont fait l'expérience suivante : ils ont installé, à côté de plantes, des réflecteurs pour envoyer cette lumière caractéristique réfléchie par des feuilles. Les plantes situées à proximité s'en sont écartées. En fait leur croissance s'est orientée dans la direction opposée à la source de lumière rouge foncé. Il a été montré plus tard qu'un plant de maïs peut détecter la présence d'autres plantes à plus de trois mètres de distance. Les plantes se partagent ainsi l'espace pour bénéficier d'un maximum de lumière solaire.

La timidité des cimes

La timidité des cimes est une notion introduite par Francis Hallé, grand spécialiste des arbres et de la forêt tropicale, qui indique que certains arbres maintiennent entre leurs canopées une certaine distance, appelée « fente de timidité ». Une centaine d'espèces parmi lesquelles on trouve les chênes verts ou les pins parasols présentent ce phénomène étonnant. Un espace de quelques dizaines de centimètres sépare les feuilles au niveau de la cime. Pour l'instant ce phénomène n'est pas clairement expliqué. On peut seulement faire l'hypothèse que cela apporte un certain nombre d'avantages pour l'arbre et la forêt, mais il n'y a qu'un pas à introduire de nouveau des notions anthropomorphiques, comme celle de finalité, et comme l'indique déjà le terme de « timidité » !

Plante cherche support !

Nous venons d'évoquer la sensibilité des feuilles à la lumière et à la gravité. Elles sont également sensibles au toucher. C'est une autre sorte de tropisme, caractéristique des vrilles, comme celles de la clématite, de la vigne ou de la bryone par exemple. La vrille s'allonge jusqu'à ce qu'elle rencontre un support. Au contact de ce support, la vrille se courbe et l'entoure. Apparemment, le mouvement résulte d'une différence de sensibilité des tissus à l'auxine, la partie en contact avec le support devenant moins sensible à cette hormone.

LE TOUCHER JUSQU'À LA PUDEUR

La Sensitive, dont le nom scientifique est *Mimosa pudica*, mimosa pudique, est une petite plante tropicale d'origine américaine. Ses feuilles sont composées et très découpées, divisées en fines folioles. Elle est célèbre parce qu'elle replie ses feuilles en quelques secondes au moindre contact, par exemple si on tient le bout des feuilles entre le pouce et l'index. Ce mimosa garde ses feuilles fermées environ un quart d'heure avant de les ouvrir à nouveau. Ce mouvement réflexe de repli se propage tout le long de la feuille : il suffit de toucher les folioles à leur extrémité pour que les suivantes se replient ensuite de proche en proche. Il a été montré que le signal interne conduisant l'information est de nature électrique et qu'il se déplace le long des nervures qui conduisent la sève élaborée. Le signal induit un mouvement d'eau à la base des folioles qui permet leur repliement. Ce phénomène reste toutefois très étrange !

On peut évoquer à ce sujet une autre forme de sensibilité mécanique : un arbre régulièrement soumis à l'action du vent diminue sa croissance en hauteur. De plus la fréquence du vent conduit l'arbre à augmenter sa croissance en épaisseur. Celui-ci devient plus trapu et solide face aux sollicitations mécaniques. C'est ainsi qu'un arbre que l'on maintient avec un tuteur pousse un peu plus vite, mais il reste plus fragile.

Les feuilles entendent mâcher les gloutonnes

En ce qui concerne l'ouïe, rappelons que le son est une vibration de l'air, qui se propage dans toutes les directions. Les plantes sont-elles capables de percevoir ces vibrations sonores ? Entendent-elles ? On accepte aisément qu'elles soient sensibles à la lumière et aux odeurs, car cela semble indispensable à leur survie. Il est plus audacieux de penser qu'elles entendent. C'est pourtant ce qu'ont tenté de montrer des équipes de biologistes. Deux chercheurs de l'Université du Missouri ont enregistré des chenilles en train de dévorer des feuilles. On imagine des micros braqués sur les bestioles et on en déduit déjà l'extrême sensibilité de leur appareil d'enregistrement, car dans la nature cela ne saute pas aux oreilles ! Les chercheurs ont voulu savoir si les sons émis par la mastication de ces mangeuses de feuilles sont perçus par les plantes. Ils ont diffusé cet enregistrement à un ensemble de plantes, tout en gardant un groupe de plantes témoins dans le silence. Ensuite ils ont vraiment exposé les deux groupes de plantes aux chenilles gloutonnes. Ils ont alors constaté que les plantes ayant déjà entendu le son de la mastication des chenilles contenaient plus de substances répulsives que les autres ne l'ayant jamais entendu et étaient donc plus aptes à se défendre. De plus, ils ont montré que les plantes font la distinction entre les vibrations causées par la mastication et celles causées par le vent ou le chant des insectes. Les plantes réagissent donc aux vibrations générées par les herbivores de manière sélective et écologiquement significative. La perception des plantes à leur environnement ne se limite donc pas aux signaux lumineux, volatils, ou électriques. La perception à longue distance peut également se faire par des vibrations de l'air c'est-à-dire le son.

Si les feuilles reconnaissent les grignotages des chenilles, sont-elles sensibles à la musique ?

La célèbre plante qui a la réputation de danser en écoutant de la musique, *Desmodium gyrans*, est une plante des régions tropicales humides, originaire d'Asie du sud. Elle est parfois appelée sainfoin oscillant et elle fait partie de la famille des Fabacées. Ses feuilles vert tendre sont composées de trois folioles, une grande foliole et deux petites à sa base. De façon périodique, toutes les trois minutes environ, les deux petites folioles tournent et se déplacent assez rapidement pour que cela soit facilement perceptible à l'œil nu. Ce mouvement leur permettrait peut-être de capter le plus de lumière possible et d'aider la grande foliole à s'orienter au mieux par rapport à la lumière. Les oscillations de ces deux folioles sont en fait sensibles à plusieurs stimuli externes : la lumière du soleil, la température, les vibrations, les champs électromagnétiques, les courants électriques ou certaines fréquences radio. Ces différents stimuli affectent l'horloge biologique qui régule le rythme des mouvements des folioles de la plante.

Il y a quelques années, un cultivateur a diffusé de la musique dans son exploitation pour sauver ses courgettes, contaminées par un virus. D'après son témoignage, la séquence musicale diffusée quelques minutes par jour, a suffi a endiguer la propagation du virus. Elle a même stimulé la croissance de ses légumes. Cette méthode a été inventée par un physicien français du nom de Joël Sternheimer. Dans les années 1960, cet étudiant en mathématiques puis en physique théorique s'était fait connaître en tant que chanteur yéyé sous le nom d'Evariste, en référence sans doute au mathématicien mythique du début du 19e siècle, Evariste Gallois. Après un séjour dans les universités américaines, cette activité musicale et lucrative lui permet de poursuivre ses recherches de façon indépendante. Le physicien étudie depuis lors la correspondance entre les acides aminés, qui sont les briques élémentaires pour fabriquer des protéines, et certaines fréquences vibratoires. En transposant chaque fréquence, relative à l'un des vingt acides aminés, en note de musique audible, il avance qu'il existerait une mélodie spécifique pour chaque protéine, ce qu'il appelle une protéodie. Certaines phrases musicales auraient donc un impact sur la synthèse des protéines au sein de la cellule. Sa méthode est aujourd'hui développée par la société qu'il a créée, Genodics. En collaboration avec cette société, des chercheurs en biologie de l'université de Cergy-Pontoise cherchent des preuves scientifiques de cette méthode controversée.

LE NEZ DES FEUILLES

Aujourd'hui, on commence à découvrir et à étudier chez les plantes d'autres sens perceptifs que celui de la gravité, de la lumière ou du toucher. Grâce à leurs feuilles et à leur racines, les plantes sont par exemple capables de détecter le taux d'humidité dans l'air et le sol. Elles sont sensibles aux ondes électro-magnétiques. Elles perçoivent aussi les vibrations. Toutes ces perceptions de l'environnement sont possibles grâce à plus de sept cent capteurs sensoriels disséminés sur les feuilles ou les racines. En ce qui concerne le sens du goût, on imagine que les plantes carnivores en sont pourvues … Toutes les plantes, par leurs racines et leurs feuilles, perçoivent la présence de substances chimiques bénéfiques ou dommageables, diffusées à distance. Quand ces substances sont volatiles et véhiculées par voie aérienne, cela constitue bien une odeur. Les récepteurs des feuilles communiquent des signaux au reste de la plante et des modifications physiologiques interviennent alors. C'est ce que nous verrons dans le chapitre suivant.

LES PLANTES SONT-ELLES DOUÉES DE MÉMOIRE ?

S'il est plus courant aujourd'hui d'admettre que la plante est un être sensible, il est très étonnant d'envisager que la plante dispose d'une mémoire ! C'est pourtant ce que des scientifiques nous révèlent grâce à une expérience somme toute assez simple. Le Mimosa pudique, comme nous l'avons vu précédemment, replie ses feuilles au moindre effleurement. Des chercheurs ont conçu un dispositif qui secoue légèrement des pots de Mimosa toutes les cinq secondes. Après six secousses, certains Mimosa ne replient plus leurs feuilles et après soixante déplacements, plus aucun. Pourtant les feuilles continuent de se rétracter si on les touche. Il y a donc une accoutumance, les feuilles ne réagissent plus si elles ont mémorisé que tel stimulus particulier est sans danger.

Le processus de mémorisation des plantes est encore mystérieux et intrigue évidemment beaucoup les biologistes. Pour l'instant, les différentes manières dont l'information circule au sein de la plante commencent à être mieux comprises : après avoir reçu un stimulus, la feuille transmet l'information au reste de la plante sous forme d'émission d'hormones conduites par la sève, ou par le biais d'un signal électrique le long des canaux, ou par l'émission dans l'air de composés volatils. Chaque signal se distingue par son amplitude, sa durée et sa vitesse de diffusion. Des modifications dans le métabolisme ont alors lieu, spécifiques au signal perçu : teneur en ions, synthèse de protéines, etc. Mais si l'intensité de la réponse physiologique est modulée en fonction de l'expérience passée, cela signifie que celle-ci a été mémorisée. Si la stimulation s'est révélée sans danger, la plante ne réagit pas, et elle évite ainsi de dépenser de l'énergie inutilement. D'après Francis Hallé les plantes seraient même capables d'anticipation.

Ainsi, même immobile, la plante est à même de s'adapter aux variations de son environnement. Dans le chapitre suivant, nous verrons comment la plante établit un véritable dialogue avec les êtres qui l'entourent.

Jeunes feuilles de seringat.

Résumé

Grâce à des centaines de récepteurs situés dans les cellules de leurs feuilles ou de leurs racines, les plantes perçoivent les divers paramètres de leur environnement. Cela leur permet de s'y adapter. Les plantes sont sensibles à la gravité, elles perçoivent leur propre posture. Les feuilles perçoivent la direction de la lumière, son intensité, sa couleur bleue ou rouge, le cycle jour / nuit. En conséquence, la feuille bouge, s'oriente, s'accroche à un support, se ferme la nuit ou quand on la touche, provoque le fleurissement de la plante. Elle détecte la présence d'autres plantes proches. Elle perçoit des sons, des odeurs, et aurait même de la mémoire.

Mots clés

Tropisme – gravité - proprioception - vue - phototropisme - phytochrome - photopériodisme – cryptochrome – florigène - toucher – sensitive - timidité des cimes – mouvement – protéodie - odorat – ouïe - mémoire

Chapitre 6

Les feuilles se défendent

« Par instants, le vent qui semble
Couler à flots modulés
Donne à la feuille qui tremble
Un doux frisson qui ressemble
A des mots articulés. »

Cantique sur un rayon de soleil - 1839
Alphonse de Lamartine

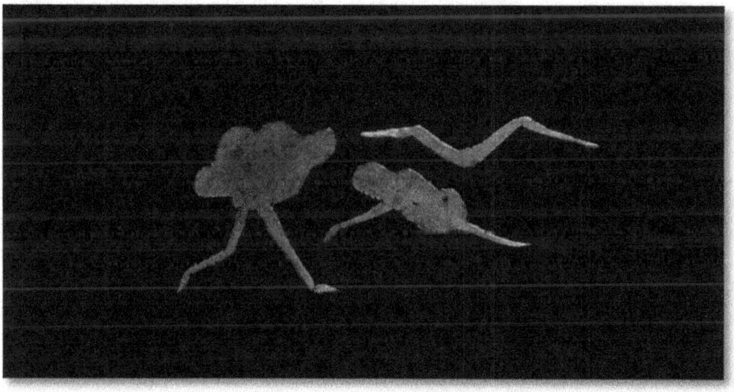

Les plantes, étant immobiles, doivent affronter en permanence d'innombrables dangers. Les problèmes sont multiples, climatiques ou environnementaux d'abord : une forte chaleur estivale qui brûle ou dessèche, le gel qui fait éclater les cellules, un vent violent qui casse les branches ou fait tomber les arbres. Cela peut être le manque d'eau, l'excès d'eau, voire même le feu ravageur. Le sol est parfois peu propice, trop calcaire ou trop acide. Les désagréments viennent aussi de la faune environnante : une profusion d'insectes phytophages ou de vertébrés qui se nourrissent de feuilles, voire même des humains végétariens ! Les plantes, rappelons-le, sont à la base de la chaîne alimentaire du vivant. Le danger pour les uns, c'est l'opportunité pour les autres. Moins visibles, les micro-organismes, bactéries ou champignons, vivent la plupart du temps en symbiose avec les plantes, mais il en existe d'autres plutôt dangereux. Sans oublier les virus dont certains mortels. Facteurs ambiants ou faune prédatrice, ce ne sont pas les seuls embarras auxquels la plante doit faire face. Les plantes doivent partager la lumière et les ressources avec d'autres plantes. A ce propos, il est courant d'entendre, même de la part des biologistes, qu'au sein de cette « compétition », le « plus fort » gagne. Cette « loi du plus fort » n'a rien à voir avec les lois de l'évolution, ni même avec les interactions de la nature. Cette idée malencontreuse et largement diffusée n'est qu'un artefact de notre civilisation, pour exalter la concurrence entre les humains. Il n'est pas nécessaire d'adopter cette grille de lecture, car dans cette optique devrait émerger au fil de l'évolution une espèce plus compétitive que les autres. Cette espèce dominerait donc jusqu'à les exclure toutes ses concurrentes au sein d'un milieu. Cette hypothèse est incompatible avec la riche biodiversité de la plupart des écosystèmes. Toutefois, nous devons admettre que cette biodiversité est désormais sérieusement mise à mal par une humanité bel et bien ultra compétitive, prédatrice, et dominante.

La défense passive

Pour les feuilles, les moyens de défense sont très variés. Cela va de la défense passive, présente de façon permanente, jusqu'à la défense active élaborée au moment du danger. Par mesure de prévention et pour éviter de se faire grignoter, certaines feuilles adoptent une morphologie efficace : elles portent des épines ou des piquants redoutables. Les épines du prunellier, celles du robinier faux-acacia, sont particulièrement terribles. Les feuilles épineuses de l'ajonc rendent les landes impénétrables. Les feuilles extrêmement poilues ne sont guère attaquées par les pucerons ou les limaces. Les poils urticants de l'ortie, ou le latex amer des euphorbes suffisent à décourager bon nombre d'ennemis potentiels.

Les épines, outre qu'elles éloignent certains prédateurs, offrent d'autres avantages pour la plante : les feuilles transformées en épines plus étroites permettent une moindre transpiration, ce qui est un atout dans les régions arides. Les ronciers épineux offrent un abri efficace aux jeunes pousses de chêne qui s'y développent. Chez certaines espèces, l'épiderme foliaire est couvert d'une cuticule épaisse, ce qui protège la feuille de la dessication, c'est le cas, dans nos contrées, du laurier, du houx ou du buis par exemple. Les poils s'ils recouvrent la feuille en grand nombre, permettent de maintenir une atmosphère humide autour de la feuille.

L'arsenal chimique naturel

En ce qui concerne les poisons, l'if dont seule la pulpe des fruits n'est pas toxique, est très peu attaqué par les animaux, y compris les insectes, ou les chevaux des cimetières.

Les feuilles se munissent d'un arsenal extrêmement riche de substances chimiques qu'elles synthétisent soit pour harmoniser leur développement soit pour faire face aux menaces de la faune environnante. Ce sont des centaines de milliers de molécules différentes, mais pour l'instant seule une relative minorité est étudiée en détail dans les laboratoires. La plante se défend et se développe grâce à l'interaction de ces divers agents chimiques qu'elle fabrique. Ces molécules agissent ensemble par une régulation fine et adaptée aux circonstances.

Les différentes parties de l'arbre, des racines jusqu'à la cime, sont en relation permanente par la voie des vaisseaux conducteurs. Les feuilles transmettent des informations aux racines et inversement. Quand par exemple les feuilles manquent de phosphate, elles fabriquent une petite molécule qui circule par les canaux de la sève élaborée jusqu'aux racines. Cette molécule arrivée dans les poils racinaires favorise l'absorption de phosphate, puis son transport vers les parties aériennes, via les canaux conduisant la sève brute.

Les substances de défense produites par les feuilles sont de deux natures. Certaines sont solubles dans l'eau et circulent à l'intérieur de la plante, principalement portées par la sève élaborée. D'autres, que nous évoquerons plus loin, sont volatiles et sont émises dans l'air.

Les hommes, depuis qu'ils existent, ne se privent pas de profiter de ces synthèses végétales, en particulier pour se soigner. L'une des substances les plus connues est l'**acide salicylique**. Cette molécule aide la plante à combattre les pathogènes microbiens. En particulier l'écorce et les feuilles de saule blanc la produisent abondamment. Après sa fabrication, la molécule est transportée par la sève jusqu'aux racines, où elle induit une réaction de rejet d'un grand nombre de bactéries. L'extrait de saule est entré dans la pharmacopée depuis des millénaires et son utilisation contre la fièvre est bien attestée. Le nom scientifique du saule est *Salix*, d'où le nom de la molécule depuis qu'elle a été isolée vers 1830. Une autre plante fabrique en grande quantité cette substance, c'est la parfumée et gracieuse reine-des-prés. L'autre nom de cette plante est spirée, d'où la dénomination de l'aspirine, forme commercialisée et dérivée de l'acide salicylique.

FUMER NUIT GRAVEMENT À LA SANTÉ

La **nicotine** produite par les feuilles du plant de tabac ou par d'autres plantes de la famille des Solanacées a été particulièrement étudiée par les agronomes depuis les années 1980. Elle a été prise comme modèle des mécanismes de défense de la plante face à l'agression des champignons. Face à un parasite comme un champignon phytopathogène, la plante ne peut se défendre que si elle est capable de reconnaître ce parasite au niveau moléculaire. Quand ils sont en contact avec une feuille, les champignons sécrètent des petites protéines. Celles-ci sont reconnues par la membrane des cellules de la feuille. Cela provoque plusieurs processus combinés qui assurent le confinement de l'agent pathogène à son site de pénétration. La feuille se débarrasse du champignon en détruisant les tissus infectés. Cette résistance est ensuite étendue à tous ses organes. De plus, à la suite de cette réaction rapide et localisée, les feuilles de tabac acquièrent une protection durable et systémique contre des infections ultérieures. Cette résistance acquise requiert l'intervention de signaux synthétisés par la plante, notamment l'acide salicylique.

En plus de ses propriétés fongicides, la nicotine protège aussi le végétal des acariens et des insectes car elle est neurotoxique. Il est remarquable qu'une substance végétale comme la nicotine, produite par une feuille, soit également reconnue par des récepteurs nerveux dans le cerveau humain, avec des conséquences radicalement différentes, en particulier pour certaines molécules des effets psychotropes. Le monde végétal et le monde animal sont très éloignés à de nombreux points de vue, leur séparation dans la séquence phylogénétique étant très ancienne. Il n'en demeure pas moins que ces deux mondes partagent une grande part de patrimoine génétique encore plus ancien.

Les portes de communication

Les signaux chimiques solubles dans l'eau circulent dans la plante par les faisceaux conducteurs que sont les nervures. Ensuite ils doivent pénétrer dans les cellules, qui rappelons-le, sont entourées de parois épaisses et rigides. Pour passer d'une cellule à l'autre, les signaux chimiques empruntent de petites ouvertures dans les membranes et les parois, appelées **plasmodesmes**. Ces ouvertures sont plutôt des ponts microscopiques, suffisamment larges pour permettre le passage de composés dissous. Par ces orifices passent des micro-tubes qui conduisent de façon dynamique les molécules grosses comme des protéines ou des lipides. Le passage d'une cellule à l'autre n'est donc pas un phénomène passif, mais bel et bien contrôlé par la plante.

Le confinement des poisons

Certaines substances synthétisées préventivement par les feuilles ne sont pas nocives seulement pour d'éventuels agresseurs, mais le sont également pour les feuilles elles-mêmes. Comment la feuille se protège-t-elle de ses propres poisons ? Elle les isole, elle les confine, elles les met au placard. Les cellules emmagasinent les poisons dans certaines **vacuoles**, qui ne servent donc pas seulement au stockage des substances de réserve. Cela protège le reste de la cellule et plus largement l'ensemble de la feuille. Le poison n'est alors véritablement actif que lorsque la feuille est endommagée, ou croquée par l'animal.

Les **tanins** sont répandus dans tout le règne végétal et surtout chez les arbres, aussi bien dans les feuilles que dans les racines, les écorces et les fruits. Les tanins sont stockés dans les vacuoles des cellules végétales, souvent associées à des protéines, à des alcaloïdes ou à des sucres. Il a fréquemment été dit que les tanins sont des substances de déchet, alors que pourtant les tanins ont des propriétés bénéfiques. Chez les arbres, leur action anti-oxygène explique la bonne conservation de certains bois. Ils exercent également, vis-à-vis de certains micro-organismes, champignons, bactéries ou virus, une action antibiotique. C'est pourquoi certaines feuilles d'arbres ne se décomposent que très lentement une fois tombées au sol.

LE LANGAGE DES FEUILLES

Accorder aux plantes une sensibilité est un phénomène très récent, et leur capacité de communication est maintenant sur le devant de la scène. Depuis une trentaine d'années, les recherches scientifiques qui concernent ce domaine sont largement diffusées dans le grand public, où elles reçoivent un accueil passionné. La communication végétale est entendue comme la capacité pour la plante d'émettre un message ou de percevoir un message, dans une sorte de dialogue avec d'autres individus de la même espèce ou d'une autre espèce. Les naturalistes ont d'abord découvert la relation entre fleurs et insectes pollinisateurs, relation issue d'une longue **coévolution**. Des fleurs d'orchidées mimant la forme et les couleurs de l'insecte femelle attirent les insectes mâles dans un parfait leurre sexuel. Elles vont jusqu'à émettre les odeurs proches des phéromones sexuelles des femelles. C'est presque un dialogue par le biais des odeurs qui s'est établi entre l'orchidée européenne qu'est le sabot de Vénus et l'abeille pollinisatrice. Depuis l'apparition progressive des espèces au sein du monde vivant, de multiples interactions bénéfiques se sont mises en place, et c'est cela qui est appelé coévolution entre espèces.

Le langage des plantes emprunte deux voies principales de communication. La **première** se situe dans le sol, via les racines qui forment un réseau infiniment ramifié et connecté. Les arbres d'une forêt entretiennent des liens étroits entre eux par ce réseau de fines racines. Les études actuelles concernant ce domaine sont absolument fascinantes. Outre ce réseau connecté des racines dans les forêts, les plantes du jardin entretiennent également des relations étroites. Les maraîchers amateurs le savent maintenant : la géographie du potager doit être bien maîtrisée pour améliorer la production, les associations de légumes pouvant être néfastes ou bénéfiques. C'est ce que l'on nomme les bonnes associations au potager. Les plantes perçoivent leurs voisines et cela stimule leurs défenses, gêne leur développement ou au contraire le favorise.

La **deuxième** voie de communication se fait dans l'air. Les messages transmis par voie aérienne sont des substances à l'état gazeux émises par les feuilles. Une quantité considérable de ces Composés Organiques Volatils ont été identifiés à ce jour. Les scientifiques les appellent des COV. Chaque espèce de plante aurait sa panoplie spécifique, comme une empreinte, mais non pas une empreinte digitale mais chimique. Certains de ces COV émanent spontanément des feuilles au repos. Quand la plante subit un stress, son profil volatil change. Cela survient quand elle est attaquée par un insecte par exemple. Cela peut aussi arriver si elle manque d'eau, ou même si elle est endommagée mécaniquement.

Catherine Lenne, de l'université de Clermont-Ferrand, parle de mille sept cent COV différents pour quatre vingt dix familles végétales étudiées. Ces composés sont non seulement émis mais sont aussi perçus par les feuilles grâce à des récepteurs présents sur l'épiderme. Dans ce langage végétal, les substances volatiles peuvent être considérées comme des mots, et les bouquets de senteurs comme des sortes de phrases.

L'émission des COV est donc modifiée lors d'une agression par un élément extérieur. Il semblerait de plus que les COV émis varient suivant le type de stress auquel la plante est soumise. Par exemple, une feuille de chou émet au repos un certain nombre de composés volatils différents, et elle en émet un plus grand nombre et en plus grande quantité lorsqu'elle est attaquée par une chenille. Peut-on en conclure que cela lui permet de se défendre ? Et peut-on en conclure que cela lui permet d'alerter d'autres choux ? La réponse est sans doute oui : si on fait l'expérience d'appliquer certains de ces composés sur une plante indemne, on remarque que celle-ci augmente sa capacité à se défendre. En fait les signaux émis par les feuilles seraient émis en premier lieu à destination des autres feuilles de la plante. Ces signaux ne sont perceptibles qu'à faible distance, mais quelques mètres tout de même ! Ce signal est émis rapidement mais d'une façon éphémère, pouvant perdurer quelques heures.

Le langage des COV, aérien et rapide, est ensuite relayé par des signaux plus lents et durables. Pour être transmis au reste de la plante, ces signaux sont de deux types, comme c'est d'ailleurs le cas également chez les animaux : soit ils sont de nature **hormonale**, soit il s'agit de signaux **électriques**.

Le courant électrique chez les plantes

Une nouvelle discipline est apparue ces dernières années dans les laboratoires de biologie : c'est l'électrophysiologie, qui est l'étude des phénomènes électriques et électrochimiques qui se produisent dans les cellules ou les tissus. Il s'agit de mesurer les différences de tension ou de courants électriques à différentes échelles. La membrane de la cellule, animale ou végétale, est un isolant électrique placé entre deux milieux aqueux conducteurs. Elle joue donc le rôle de condensateur électrique. Des canaux traversent la membrane par où sont transportés des ions potassium et des ions sodium de façon dynamique par une sorte de pompe, et cela a pour conséquence une différence de potentiel entre l'intérieur de la cellule et l'extérieur. Les phénomènes électriques ont été mis en évidence à l'aide d'électrodes très sensibles placées à la surface des végétaux ou à l'intérieur de leurs tissus. On découvre donc que des courants électriques parcourent la plante en relation avec ses fonctions vitales.

Les hormones végétales

Comme chez les animaux, des signaux parcourent l'organisme sous forme de molécules très variées appelées hormones, et cela afin de véhiculer des informations. L'**éthylène** et l'**acide jasmonique** sont deux hormones végétales volatiles polyvalentes. Elles agissent en synergie, y compris pour le métabolisme normal. Elles sont aussi émises en cas de problème, une attaque ou un dommage physique . Elles peuvent donc donner l'alarme aux plantes du voisinage situées à quelques mètres. L'éthylène est une petite molécule très simple faite de carbone et d'hydrogène. Cette hormone végétale gazeuse est bien connue pour son rôle sur l'élongation cellulaire, sur la maturation de certains fruits et sur l'abscission (la chute) des feuilles, des fleurs et des fruits. Elle agit pratiquement à tous les niveaux du développement et de la croissance des plantes, elle accélère les actions plus spécifiques des autres hormones. L'éthylène a été mis en évidence comme vecteur d'information entre des acacias d'Afrique du sud, comme le montre l'histoire qui suit.

LES ACACIAS SE PROTÈGENT DE LA DENT DES KOUDOUS

Voici une anecdote qui, grâce aux médias, est devenue une information sensationnelle : elle a fait le tour du monde, mais encore une fois, les conclusions qui sont parfois avancées doivent être considérées avec précaution. Elle concerne un élevage en Afrique du sud. Les koudous sont de belles et grandes antilopes africaines, dont le corps est orné de stries blanches, et la tête surmontée de deux longues cornes spiralées. Cet animal est un herbivore : il se nourrit essentiellement de feuilles d'arbres. Voici l'histoire racontée succinctement. Dans les années 1980, plusieurs koudous sont retrouvés morts dans un élevage enclos en Afrique du sud, sans que l'on parvienne à expliquer la cause de leur mort. Ni la maladie ni la la faim ne semblent responsables. Le zoologiste Wouter van Hoven est appelé pour étudier le problème. Il montre une corrélation entre la mortalité des koudous, leur densité dans l'élevage, et la concentration en tanins condensés dans leur alimentation, c'est-à-dire dans les feuilles des arbres. On sait qu'une forte teneur en tanin peut rendre un aliment toxique voire mortel. En Europe, les chevaux sont atteints de graves indigestions en cas de consommation excessive de glands de chêne qui contiennent beaucoup de tanins. Dans l'histoire médiévale européenne, des humains en période de famine ont été contraints de consommer des glands de chêne, mais ils ont pris la précaution de les faire bouillir longuement pour les débarrasser d'une grande partie de leurs tanins. Les tanins ont de nombreuses propriétés thérapeutiques mais à petites doses. Leur astringence les rend indigestes et amers. Dans le cas de l'élevage sud-africain, les hivers précédant la mortalité des koudous ont été marqués par des sécheresses sévères. D'autre part le fait d'être enfermés dans des enclos ont contraints les koudous à consommer ces feuilles d'acacias malgré leur teneur trop riche en tanins. Signalons que par ailleurs les koudous en liberté n'ont aucun problème à consommer des feuilles d'acacias s'ils n'en abusent pas. Le responsable de la mort de ces animaux est donc plus l'enclos que les arbres aux-mêmes.

La première découverte intéressante est la teneur en tanin mesurée dans des feuilles d'arbres ayant été broutés par des herbivores : elle est plus importante que la normale. Dès 1994, des chercheurs avaient mis en évidence une augmentation de la concentration en tanins condensés dans les feuilles quelques minutes après une attaque par un herbivore. Cette augmentation serait due à la libération de tanins stockés en réserve, suivie d'une augmentation de leur biosynthèse. Les tanins ont une forte amertume, comme on peut l'expérimenter facilement en buvant par exemple un thé trop infusé, ou en goûtant une prunelle sauvage très astringente. Constatant cette amertume, l'herbivore préfère passer son chemin.

La seconde découverte, plus nouvelle et controversée, est l'émission d'un signal gazeux par les arbres. En effet, on constate une communication entre les arbres par l'intermédiaire de l'éthylène émis par les feuilles. Après une attaque d'herbivore, les feuilles émettent cette substances volatile, et cette molécule est perçue par d'autres arbres situés dans le sens du vent. Ceux-ci augmentent alors aussitôt la teneur en tanins de leurs feuilles et par conséquent éloignent les herbivores à leur tour, avant même d'être attaqués.

Les acacias ont-ils vraiment l'intention de prévenir leurs congénères ? Les arbres sont-ils solidaires ou altruistes ? Une attitude rationnelle exige de rester prudent dans l'interprétation des résultats, sous peine de conclusions hasardeuses. Il faut au moins proscrire une vision anthropomorphique du monde végétal et accepter de concevoir un monde vivant mais dénué de conscience. Les plantes n'ont pas de cerveau et n'ont pas d'intention. La notion d'altruisme n'a pas plus sa place que la notion de compétition ou d'égoïsme. La morale est un registre spécifiquement humain. L'écarter du monde végétal n'appauvrit nullement l'univers fabuleusement sophistiqué des plantes et du vivant en général. Ne projetons pas sur ce monde végétal des affects et des sentiments qui nous sont particuliers. Ce n'est pas un problème de hiérarchie de valeurs. Le végétal est le merveilleux résultat d'une longue évolution et d'un entremêlement d'intérêts croisés.

En ce qui concerne le message envoyé par une feuille attaquée par un herbivore ou autre, sous forme d'un composé volatile, le signal est perçu en priorité à quelques dizaines de centimètres de son lieu d'émission par les autres feuilles de l'arbre. Ce message est transmis à plus grande vitesse que par la sève via les nervures. Peut-être que ce message est accueilli par hasard par les autres arbres, et à la condition qu'ils soient placés dans le sens du vent. Dans ce cas on est loin de l'altruisme des plantes, si souvent invoqué dans les medias … Cela n'empêche que les autres arbres en bénéficient, en synthétisant à leur tour des tanins pour éloigner préventivement les herbivores.

Remarquons en passant que si les organismes végétaux, animaux ou microbiens ont évolué durant des millions d'années ensemble, a contrario le changement climatique actuel est extrêmement rapide et ne laisse pas le temps aux espèces de s'adapter les unes en fonction des autres. Il met en péril le vulnérable équilibre basé sur cette coévolution.

UNE FEUILLE APPELLE UNE GUÊPE EN RENFORT

Les interactions entre les insectes et les plantes offre un terrain de recherche extrêmement fécond, que de nombreux laboratoires explorent en vue de comprendre comment protéger les cultures, sans utiliser les polluants chimiques malheureusement encore en vigueur. Nous avons vu que la feuille utilise l'amertume des tanins ou l'émission d'éthylène en cas d'agression. Le langage des feuilles atteint un degré supplémentaire de complexité lorsqu'il fait intervenir plus de deux partenaires. En effet la feuille émet parfois un signal non pas vers l'insecte qui l'agresse mais en direction du prédateur de l'insecte. En attirant le prédateur, la feuille se protège indirectement. Voici un exemple, avec une histoire déconseillée aux personnes sensibles !

Le cycle de vie des papillons comporte plusieurs phases de métamorphose, avec un stade juvénile sous forme de chenille. La chenille du papillon de nuit *Spodoptera* est un ravageur des cultures, car elle est très vorace et dévore les feuilles des plantes cultivées y compris dans les serres. Elle est invasive dans de nombreuses régions du monde et crée de sérieux problèmes. Elle prolifère d'autant plus qu'elle est maintenant résistante aux insecticides. Lorsque la feuille est attaquée par la chenille, la feuille reconnaît la signature de la chenille grâce à des récepteurs situés sur les membranes cellulaires. Ces récepteurs sont sensibles à une molécule contenue dans la salive de la chenille. La feuille émet alors une substance, l'acide jasmonique, qui provoque la synthèse de terpènes. Ces terpènes volatiles sont émises dans l'atmosphère. C'est ainsi qu'elles attirent spécifiquement une petite guêpe appelée *Hyposoter*. Cette guêpe est un insecte dit **parasitoïde** car elle tue sa proie en y pondant ses œufs. Pour se reproduire donc, la guêpe pond un œuf dans la chenille *Spodoptera*. La guêpe injecte en même temps que l'œuf un virus qui abolit la réponse immunitaire de la chenille. L'œuf éclot au bout de deux jours, et la larve se développe dans le corps de la chenille. En fin de développement, la larve mature sort de la chenille qui meurt. Ainsi, même si la feuille a bien été dévorée, la guêpe empêche tout de même le papillon de nuit de pulluler. Elle protège donc d'une certaine façon les plantes dont les feuilles ont émis une odeur qui les a attirées. Malheureusement les plantes cultivées à grande échelle sont des variétés qui ont été sélectionnées sur un certain nombre de critères de productivité ou de conservation mais ont perdu une partie de leur capacité à libérer des substances volatiles attractives pour les ennemis des ravageurs. Ce déséquilibre contribue en partie aux problèmes de l'industrie agricole.

Feuille de bouleau attaquée par des larves de tenthrède.

Le chou, la chenille et la guêpe : un récit à tiroirs

Voici une autre histoire de parasitoïde, cette fois avec un degré supplémentaire de sophistication. Quiconque s'occupe d'un potager connaît très bien l'appétit dévorant d'une chenille verte pour les feuilles du chou. Cette chenille est la larve de la piéride du chou, un élégant petit papillon blanc. Cette chenille est elle-même convoitée par une petite guêpe noire qui a pour nom *Cotesia.* En effet *Cotesia* sous sa forme juvénile se développe aux dépens de la chenille. La feuille du chou a bien sûr intérêt à attirer *Cotesia.* De fait, les femelles de la petite guêpe *Cotesia* sont attirées par l'odeur d'une feuille de chou saine, mais plus encore par celle d'une feuille de chou endommagée et en partie grignotée par des chenilles de piéride. En effet l'odeur émise par les feuilles de chou est modifiée par l'attaque des chenilles. Les récepteurs membranaires de la feuille reconnaissent la salive de la chenille au contact de la feuille, et ceci constitue une sorte de signal d'alarme. Attirée par les odeurs émises par la plante et arrivée sur les lieux, la petite guêpe injecte plusieurs œufs à l'intérieur du corps de la chenille piéride. Pendant une quinzaine de jours, la chenille continue à vivre comme si de rien n'était, et à se nourrir des feuilles du chou. A l'intérieur de son corps, les larves de *Cotesia* issues des œufs se développent jusqu'à atteindre le tiers du poids de la chenille hôte. Elles se goinfrent des réserves de la chenille mais sans endommager ses organes vitaux. Ensuite, tout en prenant soin de paralyser l'infortunée chenille piéride pour qu'elle ne se défende pas, elles transpercent sa peau grâce aux petites dents dont elles se sont munies. Puis toutes ensemble (elles sont une vingtaine environ !) elles sortent du corps de la chenille endormie avec des frétillements frénétiques : les images filmées par les équipes du National Geographic et que l'on peut trouver sur Internet sont très impressionnantes. Une fois à l'extérieur, les larves de *Cotesia* restent sur la feuille de chou à proximité de la chenille et tissent autour d'elles un cocon de soie pour poursuivre leur développement et leur métamorphose. La chenille libérée de ses parasites se réveille enfin. Et plutôt que de tisser son propre cocon, puisqu'elle atteint elle aussi le terme de son stade larvaire, elle renforce au contraire le cocon des larves de *Cotisia*. Pire encore, en bon garde du corps, elle les protège contre d'éventuels prédateurs, jusqu'à sa propre mort qui ne manque pas d'arriver promptement. Il est difficile d'expliquer le comportement tellement surprenant de la chenille. Des chercheurs ont émis l'hypothèse qu'un virus serait apporté par les larves de *Cotisia* et prendrait le contrôle du cerveau de la chenille.

LE MAUVAIS GOÛT DU PAPILLON MONARQUE

Plus les connaissances progressent, plus les relations au sein d'un écosystème se révèlent éminemment complexes. Il est fréquent que plusieurs partenaires différents interviennent dans des rapports étroitement imbriqués. Voici le cas par exemple d'une plante qui permet à un papillon de se protéger d'un oiseau. Dans cette relation, le poison, émis par l'un, bénéficie à l'autre. *Danaus plexippus* est un magnifique papillon Monarque. Chaque année des millions de Monarques migrent à travers les États-Unis jusqu'au Mexique. Avant cela, la chenille du grand monarque se nourrit exclusivement des feuilles d'une plante du genre *Asclepias*. Or cette plante synthétise un poison auquel la chenille est indifférente. La chenille ingère ce poison et le stocke à mesure qu'elle le consomme. Plus tard, après la métamorphose, quand la chenille se transforme en papillon, le poison accumulé rend le papillon toxique pour ses prédateurs. Les oiseaux apprennent vite à se détourner de ce mets indigeste, et le dédaignent alors.

Avertis par les couleurs flamboyantes du grand monarque, ils l'évitent facilement.

Cet effet protecteur est si efficace que d'autres espèces de papillons, qui ne stockent pourtant pas ces poisons produits par *Asclepias,* en bénéficient. Au cours de l'évolution, certaines espèces miment la morphologie d'autres espèces et cela a pour effet de tromper leurs prédateurs, ou renforcer leurs propres défenses. C'est le cas de *Limenitis archippus*, appelé Vice-Roi. Ce papillon ressemble au Monarque, par la couleur et les dessins de ses ailes : orange avec des nervures noires. Il vit dans les mêmes écosystèmes que le Monarque, mais se nourrit de feuilles de saule et de peuplier. La chenille stocke l'acide salicylique du saule, ce qui la rend amère. Les oiseaux évitent le papillon au même titre que le Monarque. Leur couleur semblable renforce le message destiné à l'oiseau.

Aujourd'hui les produits chimiques utilisés massivement en agriculture industrielle perturbent des équilibres établis de longue date. Le glyphosate, comme les autres herbicides, en détruisant les *Asclepias*, élimine indirectement les papillons Monarques. Cette agriculture fait ainsi disparaître indistinctement un grand nombre d'espèces d'insectes, y compris celles dont la présence est utile aux plantes.

Feuille d'aulne grignotée par une chenille.

Le pommier et la mineuse

Voici encore un exemple de relation à trois : la feuille de pommier, le papillon, la bactérie. Dans cet exemple ce n'est pas la feuille qui utilise l'insecte, mais l'insecte qui manipule la feuille. A l'automne, les feuilles du pommier jaunissent et perdent leurs facultés de photosynthèse. Mais sur certaines feuilles persiste parfois un halo vert au milieu du jaune. En observant mieux, on découvre au centre de la zone verte une fine galerie sinueuse dans l'épaisseur de la feuille. Cette galerie est appelée une mine. Elle est creusée par la larve d'un tout petit papillon, *Phyllonorycter blancardella*, appelé aussi mineuse du pommier. Auparavant la femelle du papillon avait déposé un œuf en dessous de la feuille, et la larve issue de l'œuf avait pénétré immédiatement dans la feuille pour y creuser sa mine. La mine est visible par transparence des deux côtés de la feuille. La larve, au fur et à mesure qu'elle se développe, consomme le tissu interne de la feuille entre les deux épidermes. Grandir à l'intérieur de la feuille protège la larve de ses éventuels prédateurs. Au bout de la métamorphose qui dure plusieurs semaines, le papillon émerge de la feuille. Trois générations se succèdent du printemps à l'automne. Quand l'hiver arrive, le papillon hiverne à l'état de nymphe dans une feuille.

David Giron est chercheur à l'Institut de recherche sur la biologie de l'insecte de l'université de Tours. Il a étudié comment la feuille procure encore à la larve, malgré l'automne avancé, des nutriments, sucres et protéines. Il a découvert que la salive de la larve, déposée dans la feuille, contient une bactérie appelée *Wolbachia.* Cette bactérie possède dans son patrimoine génétique un gène semblable à un gène des plantes, favorisant la synthèse d'une phytohormone, la cytokinine. Rappelons qu'un chromosome possède plusieurs gènes, chaque gène dit codant permettant la fabrication d'une protéine. La cytokinine a de nombreuses propriétés importantes pour la feuille : elle retarde la sénescence de la feuille, stimule la production de chlorophylle, et plus largement son métabolisme. Par ricochet elle est donc très bénéfique au développement de la larve de mineuse surtout quand la saison est avancée.

L'équipe de l'université a traité l'insecte aux antibiotiques pour éliminer la bactérie de sa salive, et il s'avère que la mineuse se développe normalement sur des feuilles encore vertes, mais se développe très mal sur des feuilles jaunies par l'automne, où elle ne provoque pas de halo vert. Les bactéries sont donc absolument nécessaires à la formation de ce halo vert, lui-même indispensable à la survie de l'insecte à cette saison.

D'autres exemples de manipulation d'une plante par un insecte ont été découverts. C'est le cas des larves du doryphore et de la pomme de terre. Nous l'avons vu, la plante se défend contre des pathogènes microbiens grâce à l'acide salicylique qui parcourt la plante par les nervures et la sève élaborée jusqu'aux racines. Contre les insectes herbivores, elle se défend grâce au couple acide jasmonique / éthylène, deux hormones gazeuses qu'elle émet par voie aérienne. Entre ces deux voies de signalisation, l'interaction est permanente et antagoniste. Cette opposition au sein de la plante est mise à profit par certains insectes. Les insectes herbivores possèdent dans leur salive des bactéries, et celles-ci sont capables de contrer la défense anti-herbivore de la plante. Des chercheurs ont comparé l'action de larves traitées par antibiotique, ayant détruit les symbiotes microbiens, et celle de larves non traitées. Il apparaît que seules ces dernières diminuent les réponses anti-herbivores (par l'action de l'acide jasmonique), en augmentant par ailleurs les réponses de la voie acide salicylique, confirmant l'antagonisme de ces deux voies. De nombreuses relations entre insectes, bactéries et feuilles restent encore à découvrir.

MAIS D'OÙ VIENT LA MINEUSE DU MARRONNIER ?

Plusieurs espèces d'arbres sont les hôtes de prédilection des mineuses. Par exemple, le marronnier d'Inde (*Aesculus hippocastanum*) est massivement attaqué depuis quelques dizaines d'années par la larve d'un papillon minuscule, la mineuse du marronnier (*Cameraria ohridella)*. Le marronnier d'Inde est un arbre d'ornement très apprécié en Europe depuis son arrivée au 17e siècle. Il se garnit au printemps de fleurs blanches joliment tachetées de rose et de jaune, arrangées en grands cônes érigés. Il n'est pas originaire de l'Inde comme on pourrait le penser mais d'Asie mineure, et doit ce nom au fait qu'il a été apporté par les navires de la Compagnie des Indes. C'est le cas également de l'œillet d'Inde par exemple qui, lui, vient du Mexique.

En Macédoine en 1985, ont été constatés les premiers dégâts de mineuses sur des feuilles de marronniers. Les feuilles attaquées brunissent et tombent avant la fin de l'été, parfois de l'ensemble du houppier de l'arbre. La mineuse a envahi rapidement la majeure partie de l'Europe après sa découverte initiale. L'infection s'est propagée principalement par la route. Le ramassage des feuilles, où les insectes se réfugient pendant l'hiver, semble être un facteur de propagation. Cette infestation est corrélée, comme beaucoup d'autres invasions biologiques, à une forte densité de population humaine.

Les recherches pour lutter contre cette mineuse ont porté sur divers insectes parasitoïdes présents en Europe. Des parasitoïdes spécifiques du papillon seraient capables d'endiguer la prolifération des chenilles de la mineuse. Pour l'instant cela n'a pas été vraiment couronné de succès. Dans sa région d'origine, un foyer d'infestation ne s'étend généralement pas, un équilibre ayant été atteint au fil du temps. On imagine donc que la mineuse des feuilles pourrait provenir d'une autre partie du monde que la Macédoine et l'ouest de l'Europe.

A l'ouest de l'Europe, les parasitoïdes qui ont été testés et les chenilles de mineuses ont un problème de synchronisation, les uns s'attaquant trop tôt aux seconds. Pour l'instant le pays d'origine de la mineuse reste une énigme. Le contrôle de l'infestation sera plus efficace soit quand certains parasitoïdes parviendront à s'adapter à long terme, ou quand on découvrira l'origine géographique de la mineuse, avec ses parasitoïdes spécifiques.

Notons à ce propos que la migration progressive de la faune et de la flore à cause du réchauffement climatique ne peut que provoquer des déséquilibres graves dans les écosystèmes. En effet les espèces ne migrent pas toutes en même temps, certaines étant plus sensibles à l'élévation de température que d'autres.

Il existe aussi des marronniers à fleurs rouges : ceux-ci sont issus d'un croisement avec une espèce américaine, et ne sont pas malades.

Traces de mineuse sur une feuille de marronnier.

Détail de la mine creusée par la larve à l'intérieur de la feuille : on remarque la larve au bout de la mine.

LES GALLES DE FEUILLES NE SONT PAS DES FRUITS

Voici une autre technique de défense, tout à fait originale, faite d'accueil et de protection. Il n'est pas rare de trouver, à l'emplacement d'un bourgeon de chêne, de grosses boules de couleur marron, légères et lisses. Ce ne sont pas des glands, fruits du chêne, mais des galles. Une galle est une excroissance produite par le végétal, le plus souvent à la suite d'une piqûre d'insecte. L'insecte femelle pond un œuf dans le bourgeon ou la feuille, et la larve se développe, entourée par une matière spongieuse fabriquée progressivement par l'arbre. D'autres types de galles existent, causées par une bactérie, ou par un champignon ou un acarien. C'est donc une production végétale due à un parasite. Il en existe des centaines différentes, chacune étant particulière à la plante et au parasite qui la provoque. La plante ne semble pas souffrir spécialement de la présence d'une galle, même en grand nombre : la galle protège la larve et la nourrit. A la fin de son développement, l'insecte mature sort de son abri et s'envole. Les types de galles de chêne sont nombreuses, plus de deux cent cinquante différentes. Elles sont toutes très riches en tanins et ont longtemps été récoltées pour la fabrication d'encres noires.

Parmi les feuilles d'arbres sur lesquelles on peut découvrir d'autres types de galles, citons l'aulne et l'érable : de petites excroissances, souvent rouges, sont disséminées à la surface supérieure de la feuille. Elles sont causées par un petit acarien.

Les feuilles d'arbres sont donc la cible de multiples espèces d'insectes à qui elles offrent gîte et couvert, mais dans la cas des galles, ce parasitisme ne semble pas leur causer de grands torts.

Galles de Tetraneura ulmi sur des feuilles d'orme.

Galles de Pemphigus spyrotheca sur pétiole de peuplier.

Galles de Andricus Kollari sur une feuille de chêne.

Les microbes attaquent !

Les feuilles des arbres comme l'ensemble des organismes sont les victimes potentielles d'une gamme infiniment variée de parasites microscopiques. Ces micro-organismes sont des champignons, des bactéries, ou encore beaucoup plus petits, des virus. Dans tous les cas, l'attaque par le parasite débute par la pénétration dans la plante-hôte, se poursuit par la colonisation des cellules, associée à des dégâts plus ou moins importants, et enfin c'est la dissémination du parasite, selon des modalités diverses. Présents dans l'air, les micro-organismes profitent des orifices que sont les stomates pour s'introduire dans la feuille. Ils produisent aussi des enzymes qui dissolvent les parois protectrices de la feuille pour entrer en force.

Face à la multitude des agents pathogènes, les plantes ne sont pas toujours des hôtes accueillants. D'une part, les feuilles opposent des barrières à la pénétration du parasite : en premier lieu la cuticule qui protège leur épiderme. Et puis chaque cellule de la feuille est entourée par une paroi. D'autre part, les plantes ont développé au cours du temps des réactions de défense variées qui visent à détruire, inhiber ou stopper la progression des agents pathogènes.

Comme chez les animaux, les plantes ont une immunité, liée à la reconnaissance du « non-soi ». Elles savent reconnaître une molécule qui leur est étrangère. Cette faculté est portée par leur patrimoine génétique. Le potentiel immunitaire d'une plante est sous-tendu par un ou des gènes spécifiques qui sont transmis de génération en génération. On peut parler d'immunité innée. Au cours du temps, la coévolution des plantes et de ses parasites a institué un dialogue moléculaire entre la virulence des agents pathogènes et la défense des plantes. En premier lieu, lors de la rencontre entre la plante et le parasite, la plante perçoit les molécules constitutives du parasite, en particulier les protéines à la surface du parasite. Cela déclenche une réponse immunitaire. En second lieu, pour contrer cette défense, le parasite émet à l'intérieur de son hôte des molécules qui ont pour rôle de supprimer la résistance de la plante. La plante déclenche alors un niveau plus élevé de résistance grâce à des protéines qui viennent piéger spécifiquement les substances émises par le parasite. La coévolution est une adaptation constante des partenaires vivant sous les mêmes cieux, entre la virulence des parasites et la mise en place des différents niveaux de résistance des plantes hôtes. Dans un écosystème équilibré, la plante est endommagée par ses agresseurs mais l'espèce ne disparaît pas.

LES CHAMPIGNONS PATHOGÈNES

Les maladies cryptogamiques sont causées par des **champignons** microscopiques qui se propagent par dissémination des spores. En voici quelques-unes qui concernent les arbres, présentées succinctement :

- L'**oïdium** s'attaque principalement aux chênes, aux érables, pommiers ou aubépines qui y sont particulièrement sensibles. Au mois de mai le champignon est favorisé par l'humidité et la chaleur. Son attaque commence par l'apparition d'un feutrage blanc, d'aspect farineux à la surface des feuilles. Le champignon se multiplie préférentiellement sur les jeunes feuilles, qu'il envahit et déforme.

Feuilles de chêne attaquées par l'oïdium.

- La **fumagine** recouvre les feuilles d'une sorte de suie noire, en couche épaisse. Elle se développe sur le miellat sécrété par certains insectes parasites comme les aleurodes, les pucerons ou les cochenilles. Cela peut ralentir la croissance de l'arbre.
- La **rouille** affecte les feuilles du peuplier ou du saule qui montrent de nombreux petits points jaunes avant de tomber.

- La **cloque** attaque les jeunes feuilles par temps humide et froid, surtout après un hiver doux. Les espèces sensibles sont entre autres le pêcher, le cerisier, le prunier. Les feuilles se boursouflent, se tordent, et deviennent rouge violacé, avant de tomber prématurément. Les spores du champignon hivernent sous les écailles des bourgeons et infectent les feuilles à leur apparition.
- En France, les platanes sont gravement menacés par un champignon appelé **chancre coloré**. Ce champignon très contagieux est arrivé sur les côtes méditerranéennes lors du débarquement américain en 1944, avec le bois infecté des caisses de munitions. Un arbre infecté meurt au bout de quatre ans.
- Les ormes ont presque tous disparu du sol français au début des années 1970 à cause de la **graphiose** ou maladie hollandaise. Le champignon est transmis à l'arbre par les larves d'un petit scarabée qui creusent des galeries sous l'écorce.

Outre les champignons, les arbres subissent des maladies bactériennes. Le **feu bactérien** est l'une des plus dangereuses. Cette maladie concerne les arbres de la famille des Rosacées : pommiers, cerisiers, poiriers, aubépines, etc. Suite à l'infection, les fleurs et les feuilles des bouquets floraux flétrissent, noircissent et se dessèchent en quelques jours. Des gouttelettes d'exsudat sont produites à la surface des tissus infectés, symptôme typique de la maladie.

Les feuilles émettent autant de parfums que les fleurs

Nous l'avons vu, les feuilles d'arbres émettent dans l'air des COV (composés organiques volatils). Ces composés sont étudiés au Japon où ils sont considérés comme bénéfiques pour la santé des personnes qui les respirent. Cette idée est à l'origine d'un phénomène à la mode depuis quelques années et appelé « bain de forêt » ou sylvothérapie. Il est indéniable qu'une promenade en forêt est favorable au bien-être aussi bien mental que physique. En tout cas plus salutaire qu'une course dans les rues surpeuplées de Tokyo à respirer les gaz d'échappement !

Les COV ne sont pas toujours détectables par notre odorat humain, très peu sensible relativement à celui des autres espèces, végétales ou animales. C'est d'autant plus vrai depuis que la plupart d'entre nous habitent en ville. Pourtant les feuilles de certains arbres émettent des parfums puissants dont plusieurs sont exploités en tant que tels. Pour mieux profiter de leurs senteurs merveilleuses, il faut cueillir la feuille et l'écraser entre ses doigts sous son nez.

Au début de l'été, quand la température commence à monter, se promener parmi les conifères évoque immanquablement les paysages de bords de mer et les vacances. Les aiguilles de pin sylvestre produisent une huile essentielle dont l'odeur est typique, fraîche et résineuse. Elle est extraite par distillation à la vapeur d'eau afin d'être exploitée en parfumerie. Les aiguilles de sapin blanc produisent aussi une essence balsamique à l'odeur de forêt et de résine. Presque tous les feuillages de conifères sont fortement odorants. L'odeur camphrée des feuilles d'eucalyptus évoque aussi les vacances dans le sud. Elle est due à une substance insectifuge appelée eucalyptol. L'huile essentielle obtenue par distillation des feuilles d'agrumes, comme le bigaradier, l'oranger, ou le citronnier, est appelée par les parfumeurs « petit-grain ». L'huile essentielle de petit-grain est vantée comme calmante et relaxante, et aurait la propriété de réconforter les cœurs blessés ! La production française provient de la région de Grasse. Cette essence est utilisée notamment pour la fabrication de l'eau de Cologne. Les créateurs de parfums, les « nez », distinguent parfaitement de nombreuses odeurs de feuilles, et les classent par catégories. Ce sont des notes camphrées, musquées, poivrées, balsamiques ou fruitées, parfum d'oranger, d'ananas ou de jasmin, odeurs boisées évoquant les senteurs mystérieuses des forêts en automne.

En aromathérapie, les huiles essentielles utilisées pour se soigner sont toutes puissamment parfumées. La plupart d'entre elles nous aident à lutter contre les infections. L'action bactéricide et anti-virale des molécules qui les composent s'adresse, n'en doutons pas, en premier lieu à la plante elle-même avant de nous être adressée.

Les pépiniéristes proposent aujourd'hui des arbres exotiques aux parfums étonnants : odeur de chocolat, de caramel, odeur de pâtisserie très tenace. Néanmoins dans nos jardins, les arbres typiques de nos régions sont aussi très odorants. On connaît le laurier-sauce. Les feuilles de figuier, rugueuses et légèrement velues, dégagent aussi une fragrance caractéristique. En parfumerie, pour obtenir cet arôme, il est parait-il d'usage de mélanger noix de coco et menthe. Les grandes feuilles de noyer ont une odeur très puissante et chaude. Dans les haies champêtres de nos bocages, on récolte au printemps les jeunes feuilles de prunellier : l'odeur très marquée d'amande amère est utilisée pour parfumer du vin rouge qu'on appelle « vin d'épine ». Par contre il est des feuilles dont l'odeur est franchement désagréable voire repoussante, comme les feuilles de buis ou les feuilles de sureau noir.

Les cyprès se protègent du feu

Sur la côte espagnole côté Méditerranée, la végétation brûle souvent lors d'incendies estivaux. En 2012, les espagnols ont eu la surprise de constater dans ces forêts incendiées que seuls les cyprès méditerranéens avaient été épargnés par le feu. Pourtant les arbres de cette famille, les conifères, sont habituellement hautement inflammables car ils contiennent de nombreux composés volatils et inflammables comme l'essence de térébenthine. Le pin par exemple brûle très rapidement. L'une des explications à ce que les cyprès résistent mieux au feu est que le feuillage des cyprès, constitué d'écailles, stocke énormément d'eau même par temps sec. Francis Hallé raconte qu'un autre phénomène vient renforcer cette première protection : à l'approche du feu, dès 60 °C, les cyprès se délestent de leurs composés volatils, envoyant dans l'atmosphère toutes ces molécules hautement inflammables (hydrocarbures, alcools, toluène, etc.). Les COV émis parviennent jusqu'aux autres cyprès situés sous le vent. Ceux-ci s'en trouveraient en quelque sorte « avertis » et se délesteraient à leur tour de leurs gaz. Les raisons qui épargnent les cyprès des incendies espagnols sont encore âprement discutées par les scientifiques.

LE NOYER SE FAIT DE LA PLACE

Bien évidemment les plantes entretiennent aussi des relations entre espèces végétales différentes, ce qui a pour effet de favoriser telle espèce, soit au contraire de l'éloigner. Les feuilles du noyer fabriquent une substance, la juglone, qui est nocive pour un certain nombre d'espèces végétales sensibles. Lorsque ces dernières sont soumises à ce poison, leur croissance est stoppée, elles flétrissent et meurent, parfois très rapidement, en deux ou trois jours.

Cela explique pourquoi peu de plantes poussent au voisinage d'un grand noyer. C'est sans doute à l'origine des superstitions qui suggèrent qu'il ne faut pas dormir sous un noyer. Ce sont les noyers noirs et les noyers cendrés qui produisent la plus grande quantité de juglone. Certaines plantes sont néanmoins tolérantes à la juglone et se développent correctement même à proximité des noyers. Malgré tout il est préférable de placer son potager à bonne distance d'un noyer. Les espèces sensibles sont entre autres l'asperge, le chou, la myrtille, l'aubergine, le poivron, le piment, la pomme de terre, et la tomate. Parmi les espèces tolérantes citons la betterave, le haricot, l'oignon, ou le panais. Il est préférable aussi de mettre de côté le compost de feuilles de noyer pendant un an afin que la juglone soit complètement décomposée. Il est alors possible de l'épandre autour des plantes vulnérables à la juglone.

La feuille de noyer est composée de 5 à 7 folioles.

Le relargage dans le sol de composés chimiques par les végétaux induit des relations positives ou négatives avec les autres plantes. Ce phénomène est maintenant une piste d'études pour les agronomes. Une couverture végétale bien maîtrisée, en culture intercalaire par exemple, permet de « nettoyer » le terrain des plantes adventices avant le semis de la plante cultivée. L'armoise ou l'origan en synthétisant des molécules qui agissent contre la germination et le développement des plantes voisines offrent des perspectives prometteuses en agronomie.

TOUT EST UNE QUESTION DE SYNERGIE

Les chercheurs tentent de comprendre aujourd'hui comment une plante réagit aux différents stimuli de son environnement, et ils découvrent à quel point l'action des phytohormones est complexe. Car chacune d'elles agit en synergie avec une autre, ou au contraire agit de façon antagoniste. Cela conduit à un renforcement ou une atténuation de leurs effets individuels. Par exemple l'éthylène agit pratiquement à tous les niveaux du développement et de la croissance de la plante, mais agit aussi sur son vieillissement, probablement en accélérant les actions plus spécifiques des autres hormones. L'acide abscissique et les gibbérellines sont des phytohormones antagonistes. Les auxines et les cytokinines superposent leurs actions, et deviennent stimulantes ou inhibitrices. Elles ralentissent le vieillissement des feuilles, elles leur permettent de mieux résister à la chaleur, elles freinent la dégradation des pigments chlorophylliens, elles modifient le transport des métabolites. Toutes ces molécules sont multifonctionnelles. Les groupes de cellules qui émettent ou reçoivent ces phytohormones sont ainsi capables de prendre en compte la diversité des facteurs environnementaux et de moduler la réponse à apporter. Les plantes ne font pas que réagir, elles s'adaptent et même anticipent. C'est le questionnement actuel sur « l'intelligence des plantes ». Elles sont reliées entre elles, et elles le sont avec les autres espèces. Les plantes émettent en permanence des signaux qui s'adressent aux êtres vivants de leur entourage. Ces signaux sont les éléments d'alliances multiples au sein d'un écosystème.

Alors que l'humanité rêve de communiquer avec des extra-terrestres dont elle n'a aucune idée, le langage des plantes qui l'environnent lui demeure encore très peu connu. Ce que nous découvrons aujourd'hui avec le monde végétal nous amène à concevoir et comprendre une autre façon d'être au monde que celle qui nous caractérise en tant qu'humain et surtout en tant qu'individu. En particulier, cela nous amène à percevoir que l'accomplissement de l'identité végétale est une réalisation collective, qui advient grâce à une formidable puissance de connectivité. Dans un autre plan, la biologie nous amène à comprendre que chaque cellule de notre corps est en perpétuelle interaction avec chacune des cellules qui l'entourent.

Résumé

Les feuilles des arbres sont confrontées à de multiples dangers : herbivores, parasites microscopiques, ou aléas environnementaux. Elles disposent de moyens de défense passive, permanents comme anatomie ou poisons. Au moment du danger, elles synthétisent un arsenal chimique sophistiqué. Ce sont des substances solubles qui parcourent la plante, comme l'acide salicylique, les tanins ou la nicotine. Ce sont aussi des substances volatiles émises dans l'air qui leur permet d'instaurer un véritable dialogue avec les espèces environnantes. Ces signaux chimiques sont reliés dans la plante par des signaux électriques qui se propagent aussi de cellules en cellules.

Face aux agresseurs, elles attirent à elles des alliés. La coévolution depuis des millions d'années entre les plantes et leurs agresseurs potentiels a conduit à un équilibre, tout au moins dans les écosystèmes sauvages, où chaque espèce trouve sa place.

Mots clés

défense passive - Acide salicylique – nicotine – tanin - plasmodesme – vacuole – COV (Composés Organiques Volatils) – langage des feuilles - éthylène – acide jasmonique - insecte parasitoïde - coévolution – parfum – galle – champignon – cyprès – noyer - feu – mineuse - pommier – marronnier – poison – acacia – koudou – chenille - guêpe

CHAPITRE 7

Les feuilles meurent

« Les feuilles dans le vent courent comme des folles ;
Elles voudraient aller où les oiseaux s'envolent,
Mais le vent les reprend et barre leur chemin.
Elles iront mourir sur les étangs demain. »

L'automne
Le cœur innombrable - 1901
Anna de Noailles

LE NUANCIER DE COULEURS

Malgré sa capacité à utiliser l'énergie solaire, qui est d'une importance considérable, la feuille n'a qu'une durée de vie très limitée au regard de la durée de vie de l'arbre qui la porte. Pour les feuilles caduques, c'est-à-dire qui tombent à chaque saison, la durée de vie se réduit à quelques mois. Chez les arbres à feuilles persistantes comme le pin ou le laurier, elle est de quelques années tout au plus.

En automne au Japon, fêter les couleurs flamboyantes des feuilles de l'érable japonais ou du *Ginkgo biloba* est une coutume traditionnelle. Pourquoi les feuilles changent-elles de couleur en automne ? A cette saison, le raccourcissement des jours d'une part, et les nuits fraîches d'autre part, déclenchent des changements dans le métabolisme de l'arbre. Les différentes couleurs, vert amande, vert bouteille, jaune-or, rouge-cuivré, brun-roux, sont dues à des pigments présents dans les feuilles à des concentrations différentes selon les périodes de l'année, et selon les conditions météorologiques. Les facteurs d'ensoleillement et de température sont perçus par des récepteurs situés dans les cellules, qui eux-mêmes provoquent des réactions en chaîne. Les photorécepteurs qui captent ces signaux lumineux essentiels pour le développement des plantes sont maintenant de mieux en mieux caractérisés, le plus connu étant une protéine que l'on appelle le **phytochrome**. Rappelons-le, la sensibilité du phytochrome est spécifique à deux couleurs, rouge clair et rouge foncé. En fonction de la couleur et de la quantité de lumière reçue, la forme dans l'espace du phytochrome change. Or les propriétés d'une protéine sont toujours intimement liées à leur configuration spatiale. En outre le changement de forme du phytochrome est réversible. La forme qui absorbe le rouge clair est inactive. Quand le phytochrome absorbe le rouge sombre, son activité se traduit de plusieurs manières, avec des réponses rapides suivies de réponses plus lentes. A court terme par exemple, les échanges d'ions entre les cellules sont modifiés. A plus long terme, ce sont des modifications dans l'expression des gènes qui s'opèrent, et cela entraîne l'apparition d'enzymes qui participent à la synthèse des pigments comme les anthocyanes, ou la chlorophylle.

Une large palette de pigments

Durant l'été, les feuilles contiennent en abondance deux types de pigments : la chlorophylle et les caroténoïdes. La couleur verte de la chlorophylle est à cette période prédominante et couvre la couleur jaune des caroténoïdes. En automne, au fur et à mesure que la chlorophylle disparaît, le jaune des caroténoïdes devient plus apparent. Dans le même temps, d'autres pigments apparaissent : le rouge des anthocyanes, puis le brun des tanins. Les couleurs automnales les plus chatoyantes se manifestent quand des jours ensoleillés et secs sont suivis de nuits fraîches. Une fois tombées à terre, les feuilles deviennent noires puis des paquets de taches blanches apparaissent avec les champignons.

Pourquoi ces coloris chatoyants ?

En biologie végétale particulièrement, on croise souvent l'idée selon laquelle l'existence d'un phénomène s'explique forcément par une finalité qui en découle. Selon cette notion caricaturale, si une chose existe, c'est à seule fin de produire un effet avantageux. Chaque plante ou même chaque organisme ne montrerait tel caractère particulier que pour servir à quelque dessein. Le dessein majeur est évidemment celui de la reproduction et de la perpétuation de l'espèce. Cette idée est sous-tendue par le paradigme de la compétition à tous les degrés du vivant. C'est la trop fameuse loi du plus fort. Or ce point de vue n'est pas compatible avec la théorie génétique de l'évolution, faite de hasards et d'ajustements. Dans le monde vivant, la seule nécessité est d'être viable pour exister et se perpétuer. Autrement dit, ce qui n'est pas compatible avec la vie disparaît, **tout le reste est possible**. Cela laisse à la nature d'infinies variétés d'existence, et permet une multitude de modalités d'être. C'est bien ce qui explique la diversité des espèces, d'autant plus au bout de quelques milliards d'années d'évolution. Chercher sans cesse une finalité est encore une influence malheureuse de la pensée d'Aristote sur notre culture occidentale. Or il n'y a pas d'intention, il n'y a que des causalités.

A propos de la question de l'utilité des couleurs automnales, pourrait-on avancer que c'est uniquement pour le plaisir de nos yeux émerveillés ? Serait-il plus probable que les pigments synthétisés en automne par les feuilles les protégeraient contre les insectes qui pondent en fin de saison ? Ce n'est guère plus certain. Serait-ce pour une meilleure filtration des ultraviolets par les anthocyanes, une meilleure résistance à la sécheresse ? Il a été dit que la couleur rouge pourrait avertir les insectes de leur faible valeur nutritive en fin de saison, et pourtant cette couleur les attire sur des fruits mûrs ! Et puis pourquoi les feuilles dépenseraient toute cette énergie pour se défendre, alors qu'elles vont tomber ? Car les flamboyantes couleurs de l'automne annoncent bien un effeuillage des arbres à brève échéance.

Le vert de la chlorophylle

La couleur verte des feuilles est due au pigment appelé chlorophylle. Cette grosse molécule est fragile, peu stable. Elle se décompose facilement et elle est détruite continuellement au sein de la feuille. En présence de lumière, la cellule la synthétise en permanence pour compenser sa perte. La chlorophylle est le pilier de la photosynthèse, et par conséquent de la croissance de la plante. Du fait que la synthèse de la chlorophylle est corrélée à la quantité de lumière reçue, il est logique qu'elle diminue en automne. La durée du jour diminuant, sans oublier les nuages qui s'amoncellent et assombrissent l'atmosphère, la feuille fabrique moins de chlorophylle.

Le photorécepteur qui réagit au changement de saison, le phytochrome, provoque des changements au sein du chloroplaste. La chlorophylle est séparée des protéines qui lui étaient associées. Les protéines sont découpées en acides aminés qui migrent alors à l'extérieur de la feuille, via les nervures, pour être stockées dans les organes de réserve ou les racines. La chlorophylle elle-même est découpée et perd donc sa couleur verte.

Par ailleurs, certaines plantes présentent une sorte d'anomalie génétique : leurs feuilles sont panachées, c'est-à-dire bicolores blanches et vertes. Les parties blanches de la feuille sont dépourvues de chlorophylle, et sont même dépourvues de chloroplastes. Ces plantes sont multipliées par les pépiniéristes car leur feuillage apporte une note intéressante du point de vue esthétique au jardin. Les plantes d'intérieur sont parfois très originales et parées d'une répartition des couleurs extrêmement graphique. Ces plantes nécessitent des soins attentionnés car leur déficience en chlorophylle les rends plus fragiles, et leur croissance plus lente.

Le jaune-orange des caroténoïdes

La couleur jaune des feuilles est due à une famille de pigments appelés **caroténoïdes**. Ces molécules sont très abondamment fabriquées par toutes les plantes vertes. Il y en a évidemment dans les racines de carottes comme leur nom l'indique, mais aussi en grande quantité dans le safran et la tomate. Ce sont des vitamines, ce qui signifie qu'elles sont indispensables au métabolisme des animaux alors que ceux-ci ne peuvent pas les synthétiser. Ils doivent donc se les procurer en mangeant des plantes. Chez les animaux qui les ingèrent, elles interviennent surtout dans le mécanisme de la vision. On en trouve aussi dans les crustacés, auxquels ces pigments donnent des couleurs comme celles du homard ou de la langouste.

Au sein des cellules de feuilles, les caroténoïdes sont contenues dans les chloroplastes, où elles sont associées à la chlorophylle. Elles sont présentes aussi dans de petits sacs que les physiologistes appellent **chromoplastes**, « *chromo* » voulant dire couleur. Alors que les chloroplastes sont formés en même temps que la cellule elle-même, les chromoplastes résultent d'une modification ultérieure et irréversible des chloroplastes, une évolution liée à leur vieillissement comme à celui des feuilles.

Les caroténoïdes sont des grosses molécules. Elles ont la particularité d'être solubles dans les corps gras plutôt que dans l'eau. Elles deviennent solubles dans l'eau quand elles sont associées à d'autres corps comme des protéines ou des sucres. Le modèle type pour ces molécules est le lycopène, un pigment très présent dans la tomate.

Le rôle des caroténoïdes dans le métabolisme végétal n'est pas encore totalement connu. Néanmoins on sait de façon certaine qu'elles jouent un grand rôle lors de la photosynthèse : elles contribuent à capter la lumière pour la transférer aux molécules de chlorophylle. Elles absorbent la lumière bleu-vert, ce qui fait qu'elles réfléchissent la couleur jaune-orangée.

Le rouge des anthocyanes

Quand l'activité des chloroplastes et la photosynthèse diminuent avec le raccourcissement des jours, la circulation des sucres est aussi ralentie. Le sucre est alors associé à certaines protéines de la sève, pour former des pigments rouges, les anthocyanes. Ce sont les seuls pigments encore synthétisés abondamment à cette période de l'année. Toutefois les feuilles en possèdent dès leur apparition. Les feuilles de certaines variétés d'arbres ou d'arbustes sont rouge-grenat, dès leur apparition au printemps, et jusqu'à l'automne. C'est le cas de l'érable pourpre ou du noisetier pourpre. Encore plus impressionnant, le hêtre de la variété *Fagus sylvatica 'Purpurea'* est magnifique dans un jardin car son feuillage est très foncé et se distingue nettement des autres arbres.

Les anthocyanes (et plus généralement les flavonoïdes) ont de toute évidence de très nombreuses fonctions dans la plante, mais ces fonctions ne sont pas toutes encore clairement identifiées. Ces pigments assurent la protection des jeunes tissus foliaires contre le rayonnement ultraviolet. Ils ont des propriétés antioxydantes et antifongiques. On a constaté que la plante fabrique des anthocyanes lors de certains stress environnementaux : quand la température baisse, quand la plante subit un déficit en éléments azotés ou phosphorés, quand le pH diminue et devient donc acide. Cela se produit également quand la feuille subit une lésion, lors d'une infection ou une attaque de champignon. Cependant, les mécanismes mis en jeu et les raisons de cette synthèse ne sont pas clairement compris.

Tout comme les caroténoïdes, ces pigments sont des vitamines : ils sont indispensables pour les animaux qui sont néanmoins incapables de les synthétiser.

Les anthocyanes changent de couleur selon que le milieu est plus ou moins acide : ils donnent une couleur rouge en milieu acide et plutôt du bleu violet en milieu basique. Ils sont responsables de la peau rouge des pommes mûres et du violet foncé des grappes de raisin noir. Ces pigments sont très abondants dans les peaux des aubergines, du cassis ou d'autres fruits rouges. Pour que la plante fabrique des anthocyanes, il faut de la lumière et une sève fortement concentrée en sucre, et c'est pourquoi des pommes de certaines variétés apparaissent rouges du côté de la lumière et vertes du côté de l'ombre.

Le brun et le noir des tanins

Le brun et le noir végétaux sont intimement liés à la présence de tanins. Ce sont des substances phénoliques très amères au goût, ce qui évite aux animaux d'en consommer trop et cela tombe bien car elles sont toxiques en trop grande quantité. Les feuilles de chêne contiennent beaucoup de tanins, les animaux herbivores comme les chevaux ou les vaches évitent d'ailleurs d'en manger s'ils ont d'autres possibilités. Pour l'arbre, les tanins jouent le rôle d'arme défensive contre les herbivores et certains parasites.

Les tanins sont solubles dans l'eau. En les associant avec des sels de fer, on les utilise pour fabriquer des encres noires pour la calligraphie et pour teindre des tissus, en particulier la soie. Les tanins ont également la propriété de tanner les cuirs, c'est-à-dire de les rendre imputrescibles en se combinant au collagène de la peau.

La mise en réserve pour l'hiver

Les arbres et les plantes en général stockent des nutriments dans leurs diverses parties avant l'hiver, jusqu'à la renaissance du printemps : dans les tubercules, rhizomes, ou bulbes chez les herbacées, mais aussi dans les racines, les tiges ou le tronc chez les arbres. Les graines sont gorgées de réserves nutritives qui leur permettront de germer et d'engendrer une nouvelle plante.

Les réserves sont toujours élaborées à partir des sucres fabriqués dans les feuilles lors de la photosynthèse. Elles migrent dans les vaisseaux conducteurs qui conduisent la sève élaborée jusqu'aux zones de stockage. Là elles sont emmagasinées le plus souvent sous forme d'amidon. Mais les sucres sont aussi parfois transformés en lipides. Associés à de l'azote, ils servent même à fabriquer des protéines.

C'est au moment de la chute des feuilles que les réserves sont les plus abondantes. Ces réserves seront consommées au printemps lors de la « montée de sève ». Par contre chez les arbres à feuilles persistantes, l'accumulation est maximale en période de reprise active de la végétation, c'est-à-dire au printemps.

La chute

Quand les jours raccourcissent, les feuilles fabriquent en grande quantité une substance appelée la dormine. Cette substance provoque comme il se doit l'entrée en dormance des bourgeons. La dormine est aussi appelée **acide abscissique**, dont l'étymologie est *scindere*, « couper ». Elle provoque l'abscission des feuilles, c'est à-dire leur chute. Elle a d'autres fonctions, comme la mise en réserve, et elle inhibe la croissance cellulaire.

Sur l'ensemble des branches de ce chêne, les feuilles sont tombées vers le mois de novembre. Par contre sur cette branche cassée avant la chute des feuilles, les feuilles ne sont pas tombées. Cette photographie a été prise en février. Cela montre que la chute des feuilles est un phénomène dynamique, liée à la production d'acide abscissique.

D'autres hormones végétales sont impliquées dans ces processus, comme l'**éthylène** qui renforce les actions de la dormine. En fonction des conditions photopériodiques, l'équilibre entre les différentes hormones se déplace, soit en faveur des substances inhibitrices, soit en faveur des substances activatrices du développement. L'inhibition du développement se traduit par la **sénescence** de la feuille. La chlorophylle est recyclée. Sous l'influence des hormones, une enzyme digère le point de fixation entre la feuille et la tige qui la porte, et un bouchon de liège est produit. Cela limite les échanges entre la feuille et le réseau qui transporte la sève. La feuille se déshydrate, les nervures se bouchent. Au moindre souffle, la feuille se détache de la tige et tombe.

Cèdre du Lubéron.

TOMBER OU NE PAS TOMBER

Seules les feuilles caduques changent de couleur à l'automne, puis se détachent de la tige et tombent. Par contre les feuilles persistantes restent vertes tout l'hiver, elles ont la particularité de résister au gel, et elles ne tombent qu'au bout de quelques années, avant d'être renouvelées. Les feuilles persistantes sont généralement plus épaisses et coriaces, comme les feuilles du laurier ou du houx. En montagne, la plupart des conifères comportent des feuilles persistantes : ce sont des feuilles modifiées en aiguilles ou en écailles. Le mélèze fait exception, c'est un conifère dont les aiguilles jaunissent en automne puis tombent.

Dans les régions au climat méditerranéen, plusieurs espèces d'arbres ont des feuilles persistantes, comme l'olivier ou le chêne vert.

Chez certaines essences de feuillus, les feuilles mortes restent attachées à la branche tout l'hiver, et ne tombent qu'à l'arrivée des nouvelles feuilles du printemps. C'est ce qu'on appelle la **marcescence**. Les hêtres et les charmes comportent souvent des feuilles marcescentes, surtout s'ils sont menés en haies basses taillées régulièrement.

La décomposition

Les feuilles mortes tombées à terre servent de nourriture à toute la faune et la flore du sol : aux vers de terre, aux bactéries, aux champignons et à toute une foule d'invertébrés divers. Les feuilles se décomposent plus ou moins rapidement selon leur espèce, et selon les conditions de chaleur, d'humidité ou de pH du sol. Les feuilles riches en tanins ou les feuilles coriaces sont plus lentes à se décomposer. Après leur chute, les feuilles peuvent encore être distinguées un moment sur la **litière** puis sont fragmentées et digérées : elles subissent plusieurs étapes de transformation et passent de l'état de matière organique organisée à celui de matière minérale qui s'enfonce dans le sol.

En premier lieu, les champignons qui se trouvent dans la litière sont capables de dégrader la cellulose et de décomposer la lignine des feuilles, cette molécule qui leur confère leur rigidité. Ensuite la faune du sol contribue à la fragmentation des feuilles en morceaux de plus en plus petits. Parmi les plus gros animaux, citons les limaces, les iules, les cloportes. Puis ce sont les lombrics, les myriapodes, les collemboles, les acariens et enfin les nématodes qui divisent les feuilles en bouts minuscules. Ces animaux font migrer cette matière organique du haut vers le bas, en digérant les feuilles en haut de la litière, et en la rejetant sous forme de déjections. Ces déjections riches en sels minéraux fertilisent le sol plus bas.

Il existe ensuite une infinité de bactéries différentes qui participent à la décomposition. Elles induisent des réactions chimiques qui recyclent les différents éléments comme l'azote, les sulfates, ou les oxydes de fer.

La décomposition des feuilles crée donc de l'humus. C'est une matière souple et aérée, qui absorbe et retient bien l'eau, à la couleur brune et à l'odeur caractéristique. L'humus est capable de fournir aux racines des plantes herbacées et des arbres tous les éléments minéraux dont ils ont besoin. Grâce à l'action de la faune du sol, les matières organiques sont associées à l'argile, pour former un milieu très propice à la végétation. Il contient des composés stables, qui résistent à l'eau et à l'érosion. Sa structure est très aérée, et caractérisée par une exceptionnelle capillarité, ce qui facilite la pénétration du sol par les racines et les champignons. L'humus a une grande capacité de rétention d'eau : il stocke l'eau quand les précipitations sont abondantes et la restitue quand elles sont déficitaires. L'humus permet donc l'approvisionnement en eau et en sels minéraux des plantes en fonction de leurs besoins.

La décomposition des feuilles tombées au sol ne constitue pas un aboutissement, mais l'une des étapes dans le cycle de la vie de l'arbre.

C'est l'hiver mais bientôt tout recommence.

Résumé

La grande variété des couleurs des feuilles surtout en automne est due à différents pigments : le vert de la chlorophylle, remplacé quand la lumière faiblit par le jaune des caroténoïdes. Le rouge et noir des anthocyanes, le brun des tanins sont d'autres pigments végétaux. L'approche de l'hiver est le temps de la mise en réserve, avant la chute des feuilles, qui est aussi un phénomène dynamique. Tous les arbres ne perdent pas leurs feuilles en même temps : certaines sont caduques, d'autres persistantes. Une fois tombées, les feuilles sont décomposées au sol par divers organismes, petits ou microscopiques, qui participent à la création de l'humus. Cet humus sera le milieu de vie idéal pour d'autres plantes.

Mots clés

Phytochrome - chlorophylle - caroténoïde – chromoplaste – anthocyane – tanin - dormine - acide abscissique – sénescence - feuilles caduques - feuilles persistantes – feuille panachée - marcescence - litière - humus

Herbier de feuilles des arbres communs de nos régions

PETIT GLOSSAIRE PRÉALABLE

limbe : partie verte et souvent plate de la feuille
pétiole : petite queue de la feuille
stipule : petite lame verte à la base du pétiole
feuille simple : le limbe est d'une seule pièce
feuille composée : le limbe est composé de plusieurs pièces, ou folioles (il n'y a pas de bourgeon à la base de chaque foliole, alors qu'il y en a un à la base de la feuille)
feuille sessile : sans pétiole
feuille imparipennée : une foliole terminale (donc nombre impair de folioles)
feuille lancéolée : allongée en fer de lance
feuille dentée : le bord du limbe n'est pas lisse, il comporte des dents
feuille caduque : tombe en hiver
feuille persistante : ne tombe pas en hiver
feuille marcescente : reste accrochée à la branche en hiver, même sèche
feuille pubescente : porte des poils
feuille tomenteuse : à poils courts et denses
feuille glabre : sans poil
nervation pennée : les nervures sont disposées comme les plumes, de part et d'autre de la nervure principale
nervation palmée : les nervures sont disposées en éventail, et réunies à la base du limbe
disposition alterne : les feuilles sont disposées une par une le long de la tige
disposition opposée : les feuilles sont disposées deux par deux le long de la tige
disposition distique : les feuilles sont disposées sur un même plan
disposition opposée décussée : les feuilles forment un angle droit avec les précédentes

Alisier torminal *Sorbus torminalis* de la famille des Rosacées. Feuille simple finement dentée, avec 5 à 9 lobes inégaux, aux belles couleurs automnales, long pétiole avec 2 stipules caduques à la base. Nervation pennée, disposition alterne.

Aubépine monogyne *Crataegus monogyna* de la famille des Rosacées. Feuille simple, avec 3 à 7 lobes incisés, dentés, à sinus profonds, limbe évasé à la base, couleur glauque en dessous, 2 grandes stipules dentées à la base. Nervation pennée, disposition alterne.

Aulne glutineux *Alnus glutinosa* de la famille des Bétulacées. Feuille simple, presque ronde, souvent tronquée au sommet, irrégulièrement dentée, glabre, plus claire en dessous. Nervation pennée, disposition alterne.

Bouleau verruqueux *Betula pendula* de la famille des Bétulacées. Feuille simple, pointue, irrégulièrement dentée, glabre. Nervation pennée, disposition alterne.

Bourdaine *Frangula alnus* de la famille des Rhamnacées. Feuille ovale, non dentée, verte sur les 2 faces, plus brillante au dessus, glabre, 7 à 12 paires de nervures arquées parallèles, nervation pennée, disposition alterne.

Charme *Carpinus betulus* de la famille des Corylacées. Feuille pointue, elliptique, vert foncé, dentée irrégulièrement, nervures saillantes sur la face inférieure, aspect gaufré dessus, marcescente. Nervation pennée, disposition alterne distique.

Châtaignier *Castanea sativa* de la famille des Fagacées. Feuille lancéolée, grande, à fortes dents, glabre, brillante dessus, nervure saillante dessous. Nervation pennée, disposition alterne.

Chêne pédonculé *Quercus robur* de la famille des Fagacées. Feuille à lobes arrondis, glabres, avec des oreillettes à la base du limbe, pétiole très court voire absent. Nervation pennée, disposition alterne.

Chêne kermes *Quercus coccifera* de la famille des Fagacées. Feuille petite, coriace, d'un vert luisant, de forme ovale, bordée de dents épineuses, court pétiole. Nervation pennée, disposition alterne.

Chêne vert *Quercus ilex* de la famille des Fagacées. Feuille persistante (pendant 2 ou 3 ans), petite, coriace, de forme ovale allongée, vert foncé, vernissée, luisante sur le dessus, pubescente et blanchâtre dessous ; court pétiole. Nervation pennée, disposition alterne.

Cormier *Sorbus domestica* de la famille des Rosacées. Feuille composée, imparipennée, de 11 à 21 folioles dentées dans la partie supérieure. Nervation pennée, disposition alterne.

Cornouiller sanguin *Cornus sanguinea* de la famille des Cornacées. Feuille ovale, à pointe courte, non dentée, nervures arquées vers le sommet. Nervation pennée, disposition opposée.

Cytise *Laburnum anagyroides* de la famille des Fabacées. Feuille composée de 3 folioles non dentées, ovales, vert mat et grisâtre dessus, glauque et velue dessous, long pétiole. Nervation pennée, disposition alterne.

Erable champêtre *Acer campestre* de la famille des Acéracées. Feuille petite à 5 lobes arrondis, non dentés, bien séparés, long pétiole rougeâtre sans stipule. Nervation palmée, disposition opposée.

Erable plane *Acer platanoides* de la famille des Acéracées. Feuille à 5 lobes pointus, séparés par des sinus ouverts, dents très pointues et espacées, molle, glabre, luisante en dessous, long pétiole mince. Nervation palmée, disposition opposée.

Figuier *Ficus carica* de la famille des Moracées. Feuille assez grande, épaisse, rugueuse, profondément divisée en 3 à 7 lobes, séparés par des sinus arrondis, finement velue, long pétiole. Nervation palmée, disposition alterne.

Frêne élevé *Fraxinus excelsior* de la famille des Oléacées. Feuille grande, composée de 3 à 15 folioles lancéolées et pointues, apparaît tardivement dans la saison. Nervation pennée, disposition opposée.

Fusain d'Europe *Euonymus europaeus* de la famille des Célastracées. Feuille elliptique, très finement dentée, vert mat dessus, pétiole court. Nervation pennée, disposition opposée.

Hêtre *Fagus sylvatica* de la famille des Fagacées. Feuille ovale, aiguë, marcescente, non dentée, souple, (ciliée quand elle est jeune), à nervures non saillantes, pétiole court. Nervation pennée, disposition alterne.

If *Taxus baccata* de la famille des Taxacées. Aiguilles aplaties, pointues, molles, disposées sur 2 rangs, vert très foncé dessus, clair en dessous, 2 raies sur la face inférieure.

Marronnier d'Inde *Aesculus hippocastanum* de la fam. des Hippocastanacées, feuille grande, composée, palmatilobée (5 ou 7 folioles dentées reliées à un point central). Disposition opposée.

Merisier *Prunus avium* de la famille des Rosacées. Feuille glabre, molle, pendante, grande, dentée, rouge ou jaune en automne, 2 glandes rouges sur le pétiole à la base du limbe. Nervation pennée, disposition alterne.

Néflier *Mespilus germanica* de la famille des Rosacées. Feuille grande, elliptique, molle, pointue, irrégulièrement dentelée, vert pâle, glabre dessus, duveteuse dessous, pétiole court. Nervation pennée, disposition alterne.

Nerprun purgatif *Rhamnus catharticus* de la famille des Rhamnacées. Feuille ovale, finement dentée, 2 à 4 paires de nervures convergentes vers le sommet, pétiole long. Nervation pennée, disposition opposée et parfois alterne.

Noisetier *Corylus avellana* de la famille des Corylacées. Feuille ronde terminée par une pointe, doublement dentée, pétiole velu. Nervation pennée, disposition alterne.

Noyer *Juglans regia* de la famille des Juglandacées. Feuille grande, composée, foliole terminale plus grande que les autres odorante, non dentée, pétiole renflé à la base. Disposition alterne.

Orme champêtre *Ulmus minor, campestris* de la famille des Ulmacées. Feuille rude au toucher, doublement dentée, limbe dissymétrique à la base, pétiole court. Nervation pennée, disposition alterne.

Pin sylvestre *Pinus sylvestris* de la famille des Pinacées. Aiguille raide, pointue mais non piquante, légèrement vrillée en hélice, géminée (groupée par deux) avec une gaine commune à la base, assez épaisse et de couleur vert bleuté ou vert grisâtre, persistant de 2 à 3 ans.

Poirier commun *Pyrus pyraster* de la famille des Rosacées. Feuille simple, ovale, en pointe au sommet, finement denticulée, luisante au dessus, pétiole long. Nervation pennée, disposition alterne.

Pommier sauvage *Malus sylvestris* de la famille des Rosacées. Feuille tomenteuse jeune, puis glabre, limbe ovale aigu, denticulé, de 3 à 4 paires de nervures arquées, pétiole long. Nervation pennée, disposition alterne.

Prunellier *Prunus spinosa* de la famille des Rosacées. Feuille petite et finement dentée, pétiole court. Nervation pennée, disposition alterne.

Robinier faux-acacia *Robinia pseudacacia* de la famille des Fabacées. Feuille composée pennée, 3 à 10 paires de folioles ovales, molles, avec généralement un creux au sommet, pétiole avec 2 stipules qui se transforment en aiguillons persistants. Disposition alterne.

Saule *Salix sp* de la famille des Salicacées. Pour déterminer l'espèce : Feuille étroite, longue, glabre, sans stipule : *Salix fragilis.* Feuille étroite, longue, glabre, stipules arrondies cordiformes : *Salix triandra.* Feuille étroite, longue, velues en dessous, bords enroulés : *Salix viminalis.* Feuille étroite, longue, velues en dessous, bords non enroulés : *Salix alba.* Feuille ovale avec une pointe déjetée : *Salix caprea.* Feuille ovale sans pointe déjetée : *Salix cinerea.* Disposition alterne.

Sureau noir *Sambucus nigra* de la famille des Caprifoliacées. Feuille composée, odorante, à 5 ou 7 folioles dentées, acuminées, un peu velues sur les nervures, pétiole avec 2 stipules glanduleux à la base. Disposition opposée.

Tilleul à petites feuilles *Tilia cordata* de la famille des Tiliacées. Feuille de 3 à 8 cm de longueur, ronde et pointue, finement dentée, glabre, avec des touffes de poils en dessous de la feuille à l'aisselle des nervures. Nervation pennée, disposition alterne.

Troène commun *Ligustrum vulgare* de la famille des Oléacées. Feuille lancéolée, semi-persistante, non dentée, luisante. Nervation pennée, disposition opposée distique.

Viorne obier *Viburnum opulus* de la famille des Caprifoliacées. Feuille à 3 lobes inégaux, légèrement pubescente en dessous, 2 glandes sur le pétiole à la base du limbe. Nervation pennée, disposition opposée.

Je remercie chaleureusement Brigitte Monart, Xavier Dumont et Christophe Jegou, pour leur aide précieuse et leur relecture attentive.

Structures éditoriales du groupe L'Harmattan

L'Harmattan Italie
Via degli Artisti, 15
10124 Torino
harmattan.italia@gmail.com

L'Harmattan Hongrie
Kossuth l. u. 14-16.
1053 Budapest
harmattan@harmattan.hu

L'Harmattan Sénégal
10 VDN en face Mermoz
BP 45034 Dakar-Fann
senharmattan@gmail.com

L'Harmattan Cameroun
TSINGA/FECAFOOT
BP 11486 Yaoundé
inkoukam@gmail.com

L'Harmattan Burkina Faso
Achille Somé – tengnule@hotmail.fr

L'Harmattan Guinée
Almamya, rue KA 028 OKB Agency
BP 3470 Conakry
harmattanguinee@yahoo.fr

L'Harmattan RDC
185, avenue Nyangwe
Commune de Lingwala – Kinshasa
matangilamusadila@yahoo.fr

L'Harmattan Congo
67, boulevard Denis-Sassou-N'Guesso
BP 2874 Brazzaville
harmattan.congo@yahoo.fr

L'Harmattan Mali
ACI 2000 - Immeuble Mgr Jean Marie Cisse
Bureau 10
BP 145 Bamako-Mali
mali@harmattan.fr

L'Harmattan Togo
Djidjole – Lomé
Maison Amela
face EPP BATOME
ddamela@aol.com

L'Harmattan Côte d'Ivoire
Résidence Karl – Cité des Arts
Abidjan-Cocody
03 BP 1588 Abidjan
espace_harmattan.ci@hotmail.fr

Nos librairies en France

Librairie internationale
16, rue des Écoles
75005 Paris
librairie.internationale@harmattan.fr
01 40 46 79 11
www.librairieharmattan.com

Librairie des savoirs
21, rue des Écoles
75005 Paris
librairie.sh@harmattan.fr
01 46 34 13 71
www.librairieharmattansh.com

Librairie Le Lucernaire
53, rue Notre-Dame-des-Champs
75006 Paris
librairie@lucernaire.fr
01 42 22 67 13

www.ingramcontent.com/pod-product-compliance
Lightning Source LLC
LaVergne TN
LVHW010940051026
849532LV00003B/1071